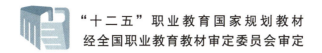

"十二五"职业教育国家规划教材

经全国职业教育教材审定委员会审定

# 制图测绘与CAD实训

## （第二版）

主　编　刘立平

副主编　卢世忠　余永增

参　编　张化平　许琳琳　杨俊生
　　　　陈立威　张佩芳　郭腾腾

复旦大学出版社

## 内 容 简 介

本教材采用项目化教学,将每一个项目分成典型的工作任务,使学生在完成工作任务的同时达到能力目标和知识目标。

本教材主要内容包括典型零件测绘、AutoCAD绘制零件图、常见部件测绘、化工单元测绘等。

本教材可以作为高职高专机械类或近机械类制图测绘与CAD实训、制图测绘实训教材,或作为计算机绘图实训、课程设计教学参考用书,也可作为普通高等学校工科各专业制图测绘与计算机绘图实训教材。

# 前　言

　　《制图测绘与 CAD 实训》(第一版)2015 年出版并入选"十二五"职业教育国家规划教材,得到较多院校的使用并认可。多年来,编者积累了更多更丰富的教学资料,又考虑到制图国家标准的更新,参照现行的制图国家标准、行业标准,组织同行和企业专家共同修订,出版第二版,形成了"教、学、做"一体,符合职业教学规律的行动导向活页式教材。

　　本书内容包括典型零件测绘、常见部件测绘、AutoCAD 操作基础、AutoCA 绘制平面图形、AutoCA 绘制零件图、AutoCA 绘制装配图等 6 个项目。本书在第一版的基础上做了如下修订:

### 1. 重构内容

　　保留第一版中典型零件测绘、常见部件测绘两个传统项目,满足专业人才培养方案中对零部件测绘的要求。删除化工单元测绘,只针对装备制造大类各专业零部件测绘与 CAD 课程,专业性更强。为了提高计算机绘图能力,将原来的 AutoCAD 绘制零件图项目扩充为 AutoCAD 操作基础、AutoCAD 绘制平面图形、AutoCAD 绘制零件图、AutoCAD 绘制装配图 4 个项目,帮助学习者更系统地学习计算机绘图,达到专业人才培养方案中对计算机绘图能力的要求。

### 2. 选修处理

　　部分内容作为选修(标有 * 部分),以适应不同层次的学校、不同专业、不同层次的学习者。

### 3. 独创案例

　　打破传统教材的知识体系,由实际产品设计项目和工作任务引领,通过完成工作任务实现学习目标。所有任务都源于生产实际案例。

### 4. 增加栏目

　　本书分成 6 个项目、23 个工作任务。在每个项目中,项目导学集中展示该项目中每个任务涉及的知识、技能点,方便学习者查找需要强化训练的操作。每个任务根据不同的需求设有工程应用、参考标准、知识链接、任务实施栏目,学习任务实施中的基本操作后,进行模仿练习,然后有选择学习创新实践、拓展训练、技能拔高等栏目。训练难度逐级增加,提高挑战性。

### 5. 更新标准

本书根据现行最新的国家标准和行业标准编写,凡在 2023 年 12 月之前颁布实施的技术制图、机械制图、CAD 工程制图相关的国家标准,在书中全部更新,予以贯彻执行,充分体现了内容的先进性。

### 6. 扩充队伍

在第一版的基础上,充分发挥校企双元开发主体作用,增加兄弟院校双师型教师参与编写,确保课程教学内容与实际岗位能力要求、操作规范相吻合。

### 7. 形式新颖

活页式、双色印刷;编排科学合理,梯度明晰;图、文、表并茂,生动活泼,形式新颖。新颖的编排形式,符合学生的认知规律,按绘图步骤用双色标识,一个步骤一张图;画图步骤及简单的文字说明编写在一起,帮助读者实施操作,体现教材的创新性。模拟练习、创新实践、拓展训练、技能拔高等栏目给学生留有互动空间;多形式增强教材的表现力和吸引力,有效激发学生学习兴趣和创新潜能。

### 8. 配套资源

配套信息化教学资源,录制了详细的操作视频;录制典型任务和模仿练习的操作视频,供学习者扫码学习;后期建设在线开放课程,将拓展训练、技能拔高等栏目做出视频,不断完善信息化教学资源。

### 9. 融入思政

落实立德树人根本任务,明确培养什么人、怎样培养人、为谁培养人,将价值塑造、知识传授、能力培养融为一体,思政案例融入教材。

本书由刘立平主编。参加本书编写工作的有:兰州石化职业技术大学刘立平(编写项目一、四、五),兰州石化公司卢世忠、余永增(编写项目二、附录),兰州石化职业技术大学张化平(编写项目三),广东机电职业技术学院许琳琳(编写任务 6.1),襄阳科技职业学院杨俊生(编写任务 6.2),沙洲职业工学院陈立威(编写任务 6.3),上海市高级技工学校张佩芳(编写任务 6.4)。全书由刘立平负责统稿。

本教材在编写过程中,参阅了大量的标准规范、近几年出版的相关教材,在此向有关作者和所有对本书的出版给予帮助和支持的同志,表示衷心的感谢!

由于编者水平所限,书中疏漏和欠妥之处在所难免,敬请广大读者批评指正。

欢迎广大学习者尤其是教师对本书提出宝贵意见或建议,并及时反馈给我们(主编 QQ:673301839,责任编辑 QQ:517921711)。

编 者

2025 年 3 月

# 目　录

### 项目一 ▶ 典型零件测绘 ································· 1-1
- 任务 1.1　机泵轴测绘 ································· 1-20
- 任务 1.2　直齿圆柱齿轮测绘 ··························· 1-30
- *任务 1.3　减速器箱体测绘 ····························· 1-47

### 项目二 ▶ 常见部件测绘 ································· 2-1
- 任务 2.1　齿轮油泵测绘 ······························· 2-2
- *任务 2.2　齿轮减速器测绘 ····························· 2-16
- *任务 2.3　安全阀测绘 ································· 2-31
- *任务 2.4　机用虎钳测绘 ······························· 2-46

### 项目三 ▶ AutoCAD 操作基础 ·························· 3-1
- 任务 3.1　认识 AutoCAD ······························· 3-2
- 任务 3.2　绘制凸模轮廓图形 ··························· 3-8
- 任务 3.3　绘制 V 形块轮廓图形 ························ 3-10
- *任务 3.4　绘制钳口轮廓图形 ··························· 3-13
- 任务 3.5　绘制简单图形 ······························· 3-17

### 项目四 ▶ 绘制平面图形 ································· 4-1
- 任务 4.1　绘制矩形板类轮廓图形 ······················· 4-2
- *任务 4.2　绘制缸盖轮廓图形 ··························· 4-10
- 任务 4.3　绘制拨叉轮廓图形 ··························· 4-16
- *任务 4.4　绘制机件轮廓图形 ··························· 4-23

1

## 项目五 ▶ AutoCAD 绘制零件图 ································· 5-1

  任务 5.1　绘制左端盖零件图 ································· 5-2
  任务 5.2　绘制齿轮轴零件图 ································· 5-19
  任务 5.3　绘制泵体零件图 ································· 5-27

## 项目六 ▶ AutoCAD 绘制装配图 ································· 6-1

  任务 6.1　绘制齿轮油泵装配图 ································· 6-2
  *任务 6.2　绘制安全阀装配图 ································· 6-9
  *任务 6.3　绘制机用虎钳装配图 ································· 6-18
  *任务 6.4　绘制齿轮减速器装配图 ································· 6-23

## 参考文献 ▶ ································· 1

# 项目一　典型零件测绘

本项目通过知识链接和3个任务认识零件测绘,学习常用测量工具的使用方法,学会如何选用测量工具,如何圆整测绘中的尺寸。通过任务实施、模仿练习,学习测绘员、制图员的基本技能;能够测绘典型的轴套类、盘盖类、箱体类零件,养成贯彻执行标准的意识,做社会主义法治的忠实崇尚者、自觉遵守者、坚定捍卫者,从遵守国家标准开始。实践没有止境,理论创新也没有止境,通过项目训练,开拓思路,提高解决问题的能力;通过拓展训练和技能拔高栏目,不断提高自己的测绘技能和思路。

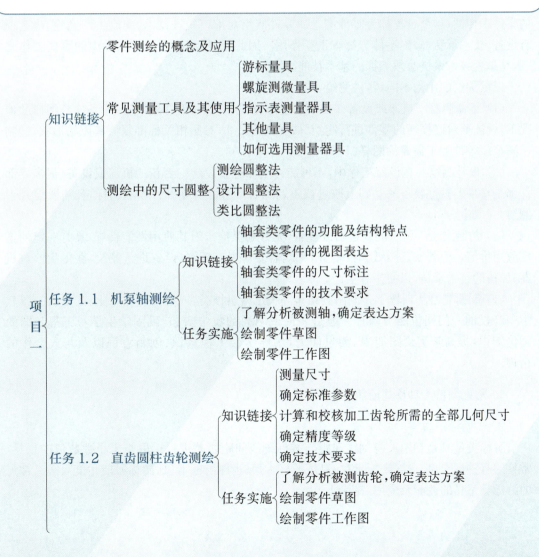

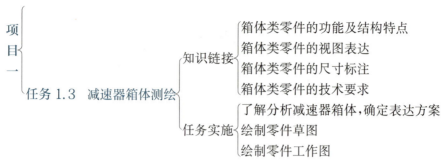

## 三 知识链接

### 1. 零件测绘的概念及应用

我国机械零部件测绘发展史

根据现有的零件,不用或只用简单的绘图工具,通过目测,快速徒手绘制出零件草图,再进行测量并标注尺寸和技术要求,经过检查、调整之后,用尺规或计算机绘制出供生产使用的零件工作图,这个过程称为零件测绘。零件测绘对推广先进技术、交流生产经验、改造现有设备、技术革新、修配零件等都有重要作用。因此,零件测绘是生产实际中的重要工作之一,是工程技术人员必须掌握的基本技能。

根据测绘的用途不同,零件测绘可分为:

(1) 维修测绘　机器或设备在使用或检修过程中,某一零件损坏,在无备件与图样的情况下,就需要对已损坏的零件进行测绘,依据测绘尺寸,参照相关标准复原其原始形状,绘制出满足该零件加工需要的图样。

(2) 设计测绘　在设计工作中,不可能完全靠想象设计一台新的机器或设备,很多零部件都是在借鉴其他设备的基础上改进或重新组合。若原有零部件没有图样,就需要设计者测绘。

(3) 仿制测绘　引进的新机器或设备(无专利保护),因其使用性能良好,具有一定的推广应用价值。但若缺乏图纸和技术资料,就需要对现有机器、设备进行测绘,获得生产该机器、设备的技术资料,以便指导生产。

(4) 制图测绘实训教学　制图测绘是高校工科机械类、近机械类各专业,在工程制图教学中开设的一门岗位能力课程。通过一周或两周的集中实训,巩固学生学习工程制图的理论知识,提高学生绘图能力、测量能力,培养学生工程意识、创新意识以及与人合作的精神。

### 2. 常见测量工具及其使用

#### 2.1 游标量具

游标类量具是利用尺身刻线间距与游标刻线间距之差进行读取毫米小数数值的量具,常见的有游标卡尺、深度游标卡尺、高度游标卡尺、齿厚游标卡尺、游标万能角度尺等。常见的游标类量具的性能及应用,见表1-1。

表 1-1　游标类量具的性能及应用　　　　　　　　　　　单位：mm

| 名称 | 结构 | 测量范围 | 精度 | 用途 |
|---|---|---|---|---|
| 游标卡尺 | 尺身　内量爪　紧定螺钉　尺框　深度尺／外量爪　调节钮　游标 | 0～125，0～150<br>0～200，0～300<br>0～500，0～1 000 | 0.02，0.05，0.10 | 测量长度、内径、外径、深度、孔距等尺寸 |
| 深度游标卡尺 | | 0～200，0～300<br>0～500 | 0.02，0.05 | 测量深度、台阶高度等尺寸 |
| 高度游标卡尺 | | 0～200，0～300<br>0～500，0～1 000 | 0.02，0.05 | 测量高度尺寸、精密划线 |
| 齿厚游标卡尺 | | 1～16<br>1～18<br>1～26<br>2～16<br>2～26<br>5～36 | 0.02 | 测量齿轮齿厚 |
| 游标万能角度尺 | | Ⅰ型 0～320°<br>Ⅱ型 0～360° | 2′，5′ | 测量角度尺寸 |

2.1.1　精度为 0.02 mm 的游标卡尺的刻线原理及读法

刻线和读数方法如图 1-1(a)所示，主尺上每小格 1 mm，每大格 10 mm。主尺上 49 mm，副尺上分 50 小格，每小格的长度为 49÷50＝0.98(mm)，主、副尺每格之差＝1－0.98＝0.02(mm)。因此，这种尺的精度为 0.02 mm。游标卡尺的测量读数＝主尺刻度＋副尺刻度。

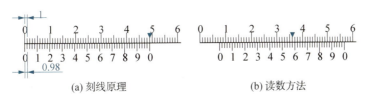

(a) 刻线原理　　　　　　　　　　　(b) 读数方法

图 1-1　0.02 mm 游标卡尺的刻线原理和读数方法

游标卡尺读数步骤,如图 1-1(b)所示:

第 1 步:读出副尺零线以左的主尺上的刻线值,即为最后读取的整数值部分,读取 7 mm。

第 2 步:数出副尺上与主尺刻线对齐的那一根刻线的格数,将格数与刻线精度 0.02 mm 相乘,即得到最后读取的小数值部分。数出 29 格,29×0.02=0.58(mm)。

第 3 步:将读取的整数与小数相加,即得被测零件的尺寸 7+0.58=7.58(mm)。

2.1.2　精度为 0.05 mm 的游标卡尺的刻线原理及读法

(1) 方法一　如图 1-2(a)所示,主尺上每小格 1 mm,每大格 10 mm。主尺上 19 mm, 副尺上分 20 小格,每小格的长度为 19÷20=0.95(mm),主、副尺每格之差=1-0.95=0.05(mm)。因此,这种尺的精度为 0.05 mm。

游标卡尺的测量读数=主尺刻度+副尺刻度。例如,图 1-2(b)所示读数为 26+11×0.05=26.55(mm)。

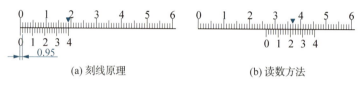

(a) 刻线原理　　　　　　　　　(b) 读数方法

图 1-2　0.05 mm 游标卡尺的刻线原理和读数方法(一)

(2) 方法二　如图 1-3(a)所示,主尺上每小格 1 mm,每大格 10 mm。主尺上 39 mm, 副尺上分 20 小格,每小格的长度为 39÷20=1.95(mm),主尺上每 2 格与副尺每格之差=2-1.95=0.05(mm)。因此,这种尺的精度为 0.05(mm)。游标卡尺的测量读数=主尺刻度+副尺刻度。

例如,图 1-3(b)所示读数为 17+16×0.05=17.80(mm)。

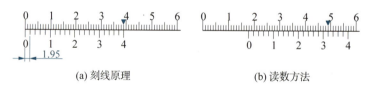

(a) 刻线原理　　　　　　　　　(b) 读数方法

图 1-3　0.05 mm 游标卡尺的刻线原理和读数方法(二)

**重点提示**

① 游标卡尺使用前,首先检查主尺和副尺的零线是否对齐,并用透光法检查内外量爪量面是否贴合。

② 要用量脚的整个测量面测量。取下读数时,应先锁紧紧定螺钉。

③ 游标卡尺只能测量处于静止状态的零件。

④ 游标卡尺不能和榔头、锉刀、车刀等刃具堆放在一起。

⑤ 游标卡尺在使用过程中,放置卡尺时应注意将尺面朝上平放。

⑥ 游标卡尺使用完毕应擦干净放入专用盒内。

### 2.1.3 万能角度尺的刻线原理及读法

万能角度尺是用来测量精密零件内外角度或进行角度划线的量具,图 1-4 所示是 Ⅰ 型万能角度尺的结构。万能角度尺由刻有基本角度刻线的主尺和固定在扇形板上的游标组成,扇形板可在主尺上回转移动(有制动器),形成了和游标卡尺相似的游标读数机构。万能角度尺的读数方法和游标卡尺相同,先读出游标零线前的角度度数,再从游标上读出角度分的数值,两者相加就是被测零件的角度数值。

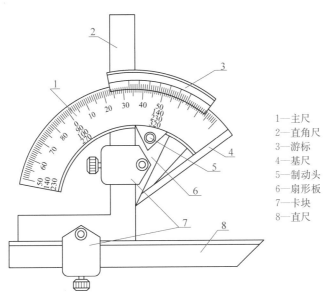

1—主尺
2—直角尺
3—游标
4—基尺
5—制动头
6—扇形板
7—卡块
8—直尺

图 1-4 Ⅰ 型万能角度尺的结构

在万能角度上,基尺 4 是固定在尺座上的,直角尺 2 是用卡块 7 固定在扇形板上,可移动直尺 8 是用卡块固定在角尺上的。若把直角尺 2 拆下,也可把直尺 8 固定在扇形板上。由于直角尺 2 和直尺 8 可以移动和拆换,因此,万能角度尺可以测量 0°~320°的任何角度,如图 1-5 所示。

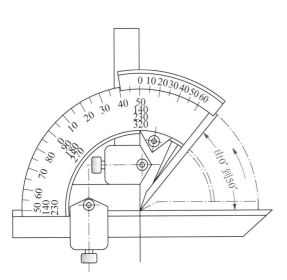

(a) 角尺和直尺全装上时,可测量 0°~50°的外角度

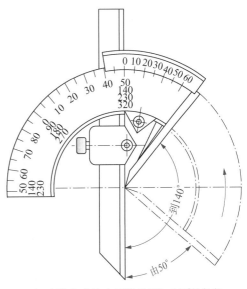

(b) 仅装上直尺时,可测量 50°~140°的角度

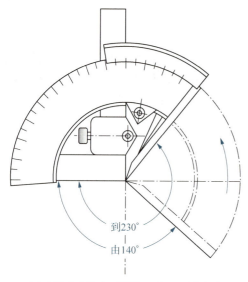
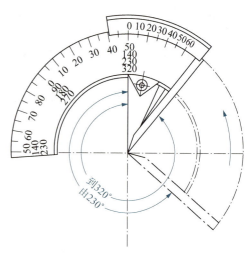

(c) 仅装上角尺时,可测量140°~230°的角度　　(d) 把角尺和直尺全拆下时,可测量230°~320°的角度
　　　　　　　　　　　　　　　　　　　　　　　　（即可测量40°~130°的内角度）

图1-5　Ⅰ型万能角度尺的使用方法

> **重点提示**
> 
> ① 万能量角尺的尺座上,基本角度的刻线只有0°~90°,如果测量的零件角度大于90°,则在读数时,应加上基数(90°或180°或270°)。当零件角度为90°~180°时,读数=90°+量角尺读数;为180°~270°时,读数=180°+量角尺读数;为270°~320°时,读数=270°+量角尺读数。
> 
> ② 用万能角度尺测量零件角度时,应使基尺与零件角度的母线方向一致,且零件应与量角尺的两个测量面的全长上接触良好,以免产生测量误差。

### 2.2　螺旋测微量具

螺旋测微量具是利用精密螺旋传动,把螺杆的旋转运动转化成直线移动而进行测量的,其测量精度比游标卡尺高。常用的螺旋测微量具有外径千分尺、内径千分尺、深度千分尺(千分棍)、螺纹千分尺、公法线千分尺和杠杆千分尺等。

#### 2.2.1　外径千分尺的结构及读数原理

外径千分尺是生产中常用的精密量具,结构如图1-6所示,基本参数(GB/T 1216—2004)如下:

精度为 0.01 mm、0.001 mm、0.002 mm、0.005 mm;

测微螺杆螺距为 0.5 mm 和 1 mm;

量程为 25 mm 和 100 mm;

测量范围从 0~500 mm,每 25 mm 为一档;从 500~1000 mm,每 100 mm 为一档。

(1) 外径千分尺刻线原理(0~25 mm)　外径千分尺固定套筒长 25 mm,刻有 50 等分的刻线。微分筒旋转一周,带动测微螺杆轴向移动 0.5 mm;微分筒转一格,测微螺杆轴向移动

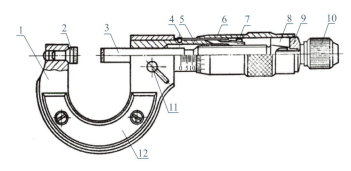

1—尺架；2—固定测砧；3—测微螺杆；4—螺纹轴套；5—固定刻度套筒；6—微分筒；7—调节螺母；8—接头；9—垫片；10—测力装置；11—锁紧螺钉；12—绝热板

图 1-6　外径千分尺的结构

0.5÷50＝0.01(mm)。因此,精度为 0.01 mm。

外径千分尺的测量读数＝固定刻度(整刻度＋半刻度)＋微分刻度＋估读数。

(2) 外径千分尺的读数步骤　具体如下：

第 1 步:校对零位;

第 2 步:读出活动套筒边缘在固定套筒上露出刻线的整毫米和半毫米数;

第 3 步:数出活动微分套筒上哪一格与固定套筒上的基准线对齐,读出刻度线值,将刻度值与刻线精度 0.01 mm 相乘,即得到最后读取的小数值部分;

第 4 步:将上述两组值相加,即得被测零件的尺寸。

若活动微分套筒上没有刻度线与固定套筒上的基准线对齐,读数时需要估算一位。

读数举例,如图 1-7 所示。

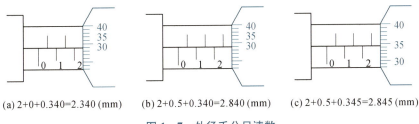

(a) 2+0+0.340=2.340 (mm)　　(b) 2+0.5+0.340=2.840 (mm)　　(c) 2+0.5+0.345=2.845 (mm)

图 1-7　外径千分尺读数

**重点提示**

① 测量前,必须校对零位。0～25 mm 的千分尺校对零位时,应使两测量面合拢;大于 25 mm 的千分尺校对零位时,应在两测量面之间正确安装校对棒。

② 测量时,应握住千分尺的绝热板,以减少温度对测量的影响。测微螺杆的轴线应垂直于零件被测表面,然后转动微分筒,待测微螺杆的测量面接近零件被测表面时,再转动棘轮转帽,使测微螺杆测量面接触零件被测表面,当听到"咔、咔、咔"声音后,停止转动,读数。

③ 测量处于静止状态的零件。取下读数时,需锁上紧定螺钉。

④ 不能测量粗糙的表面。

⑤ 使用完毕应擦干净放入专用盒内。

### 2.2.2 其他千分尺

其他千分尺的结构、性能及应用见表 1-2。

表 1-2 几种千分尺的性能及应用　　　　　　　　　单位:mm

| 名称 | 结构 | 测量范围 | 精度 | 用途 |
| --- | --- | --- | --- | --- |
| 内径千分尺 | | 50～175<br>50～250<br>50～575 | 0.01 | 测量 50 mm 以内的孔径尺寸,误差较大 |
| 三爪内径千分尺 | | 6～8,8～10<br>10～12,11～14<br>14～17,17～20<br>20～25,25～30<br>30～35,35～40<br>40～50,50～60<br>60～70,70～80<br>80～90,90～100 等 | 0.05 | 测量中、小直径的内孔直径尺寸 |
| 深度千分尺 | | 0～100,0～150 | 0.01 | 测量工件的孔或阶梯孔的深度、台阶的高度等尺寸 |
| 螺纹千分尺 | | 0～25,25～50<br>50～75,75～100<br>100～120,125～150<br>等 | 0.01 | 测量外螺纹工件的中径尺寸 |
| 公法线千分尺 | | 1～25,25～50<br>50～75,75～100<br>100～125<br>125～150 | 0.01 | 测量圆柱齿轮的公法线长度尺寸 |

### 2.3 指示表测量器具

各种指示表测量器具的结构形式有所不同,但工作原理基本相同,都是利用齿轮、杠杆或弹簧等传动机构,把测量杆的微量移动转换为指针的转动,在表盘上指示出测量值。

指示表测量器具根据结构和用途不同,可分为百分表、千分表,杠杆百分表、千分表,内径百分表、千分表,杠杆齿轮比较仪,扭簧比较仪等。

#### 2.3.1 百分表的结构及读数原理

百分表是一种精度较高的比较量具,它只能测出相对数值,不能测出绝对数值。主要用于测量形状和位置误差,也可用于机床上安装工件时的精密找正。

百分表的工作原理如图1-8(a)所示。百分表内的齿杆和齿轮的齿距是0.625 mm,齿杆上升或下降16齿时,刚好是10 mm。当测量杆1向上或向下移动1 mm时,通过齿轮传动系统带动大指针5转一圈,小指针7转一格。如果表盘刻线是100格,则大指针每转一格,即代表齿杆上升0.01 mm,小指针每格读数为1 mm。图1-8(b)所示表中读数为1.64 mm。

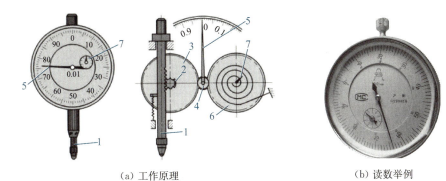

(a) 工作原理　　　　　　　　　(b) 读数举例

**图1-8　百分表的结构及工作原理**

### 2.3.2　其他指示表测量器具

其他指示表测量器具的性能及用途见表1-3。

**表1-3　指示表测量器具的性能及用途**　　　　　单位:mm

| 名称 | | 结构 | 测量范围 | 精度 | 用途 |
|---|---|---|---|---|---|
| 百分表 | | | 0~3,0~5,0~10,大量程大于10,小于或等于100 | 0.01 | 测量长度尺寸、形位偏差、调整设备或装夹工件的位置,也可用于各种测量装置的指示部分 |
| 千分表 | | | 0~1 ≤10 | 0.001 0.002 | |
| 杠杆指示表 | 百分表 | | 量程不超过1 | 0.01 | 与百分表基本相同,但特别适合用于测量百分表难以测量或不能测量的表面,如小孔、凹槽、孔距等尺寸,而且可以改变量杆的角度和测量方向 |
| | 千分表 | | 量程不超过0.3 | 0.002 | |

续表

| 名称 | | 结构 | 测量范围 | 精度 | 用途 |
|---|---|---|---|---|---|
| 内径指示表 | 百分表 | | 6～10, 10～18<br>18～35, 35～50<br>50～100, 100～160<br>160～250, 250～450 | 0.01 | 用比较法测量孔径、槽宽或孔和槽的几何形状误差 |
| | 千分表 | | 6～10<br>18～35<br>35～50<br>50～100<br>100～160<br>160～250<br>250～450 | 0.001 | |

### 2.4 其他量具

#### 2.4.1 钢直尺

钢直尺是最简单的长度量具,用不锈钢薄板制成,尺面上刻有公制的刻线,最小单位为 1 mm,部分直尺最小单位为 0.5 mm。钢直尺的长度有 150 mm、300 mm、500 mm 和 1 000 mm 等 4 种规格,用于测量零件的长度、宽度、深度、螺距等线性尺寸,但误差比较大,常用来测量一般精度的尺寸。钢直尺的测量方法如图 1-9 所示。

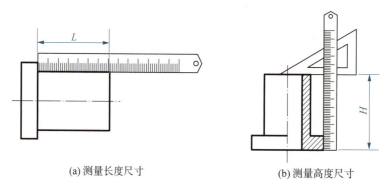

(a) 测量长度尺寸　　(b) 测量高度尺寸

图 1-9 用钢直尺测量尺寸

#### 2.4.2 卡钳

卡钳是间接测量工具,必须与钢直尺或其他带有刻度的量具配合使用读出尺寸。卡钳有内卡钳和外卡钳两种,内卡钳用来测量内径,外卡钳用来测量外径,由于测量误差较大,常用来测量一般精度的直径尺寸。测量方法如图 1-10 所示。

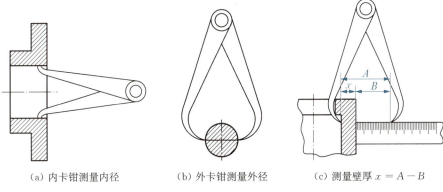

(a) 内卡钳测量内径　　(b) 外卡钳测量外径　　(c) 测量壁厚 $x = A - B$

图 1-10　用卡钳测量直径尺寸

### 2.4.3　直角尺

直角尺是具有至少一个直角和两个或更多直边用来画或检验直角的一种专用量具，简称角尺或靠尺，如图 1-11 所示。按材质，可分为铸铁直角尺、镁铝直角尺和花岗石直角尺。适用于机床、机械设备及零部件的垂直度检验、安装加工定位、划线等，是机械行业中的重要测量工具，特点是精度高、稳定性好、便于维修。

图 1-11　直角尺

### 2.4.4　螺距规

螺距规主要用于低精度螺纹工件的螺距和牙形角的检验。测量时，必须使螺距规的测量面与工件的螺纹完全、紧密接触。当测量面与工件的螺纹中间没有间隙时，螺距规上所表示的数字即为螺纹的螺距，如图 1-12 所示。

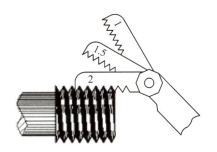

图 1-12　用螺距规测量螺纹

图 1-13　半径规

### 2.4.5　半径规

半径规是利用光隙法测量圆弧半径的工具，也叫 R 规。圆弧半径在 1～25 mm 的成组半径样板，有凸形样板和凹形样板各 16 个，用螺钉或铆钉钉在保护板两端，如图 1-13 所示。

### 2.4.6　三坐标测量机

三坐标测量机是测量和获得尺寸数据的最有效的方法之一。因为它可以代替多种表面测量工具及昂贵的组合量规，并把复杂的测量任务所需时间从小时减到分钟。

如图 1-14 所示，三坐标测量机主要用于机械、汽车、航空、军工、家具、模具等行业中，对箱体、机架、齿轮、凸轮、蜗轮、蜗杆、叶片、曲线、曲面等零部件的测量，也可用于电子、五

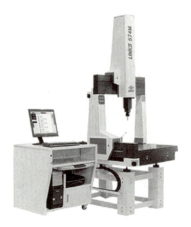

图 1-14 三坐标测量机

金、塑胶等行业中。将被测物体置于三坐标测量空间,可获得被测物体上各测点的坐标位置,根据这些点的空间坐标值,经计算求出被测工件的尺寸、几何形状和位置公差,从而完成零件的精密检测、外形测量、过程控制等任务。

2.4.7 电子数显量具

电子数显量具有 3 种:电子数显卡尺、电子数显千分尺和电子数显指示表。与传统的机械式量具相比较,电子数显量具由于采用了先进的电子技术,具有如下优点:

(1) 读数用液晶数字(LCD)显示 只要操作正确,就能获得清晰、准确的读数,消除了在使用传统量具时,要通过游标或刻线而极易产生的人为读数误差。同时,可以大大提高检测的效率,这在进行大批量尺寸检测时尤为明显。

(2) 分辨率和测量精度高 普通游标卡尺的分辨率(读数值)为 0.02 及 0.05 mm,而电子数显卡尺的分辨率都是 0.01 mm。普通千分尺的分度值是 0.01 mm,而电子数显千分尺的分辨率都是 0.001 mm。普通千分表的分度值虽为 0.001 mm,但测量范围只有 1~3 mm,示值误差为 4~5 μm,而电子数显千分表的测量范围最小 10 mm,示值误差为 2 μm。这些电子数显量具特别适合于在现场精密加工时使用。

(3) 功能多、使用方便 现有的电子数显量具多具有以下功能:

① 任意点置零功能。即在测量范围内的任意给定位置上,可以使读数置零,可以直接读出被测工件的正、负偏差值,不必经过换算进行比较测量。

② 公英制转换功能。只要按按键,即可转换数显读数的测量单位。

③ 数据输出功能。测量数据可以直接输出,以便进行统计处理和打印,这对全面质量管理特别有用。

(4) 安装报警标志 有各种保证正常使用的报警标志。

2.5 如何选用测量器具

(1) 根据公差值选用计量器具 低于 7 级精度的产品选用游标类量具。高于 7 级精度的产品选用微分类、表类等量具。

(2) 根据产品的形状选用计量器具 有以下几类:

① 长度类的产品:可选用游标类、微分类量具。

② 盘类的产品:可选用游标类、微分类、表类量具。

③ 曲类的产品:可选用游标类、微分类、表类量具。

3. 测绘中的尺寸圆整

从零件的实测尺寸推断原设计尺寸的过程称为尺寸圆整,包括确定基本尺寸、尺寸公差、极限与配合等,常用尺寸圆整的方法有测绘圆整法、设计圆整法、类比圆整法。

3.1 测绘圆整法

测绘圆整法是根据实测数值与极限和配合的内在联系,确定基本尺寸、公差、极限与配合。由于这种方法是以实测值的分析为基础的,有着明显的测绘特点,因此称为测绘圆整法。测绘圆整法主要用来圆整配合尺寸,其方法如下:

（1）精确测量　测量精度保证到小数点后 3 位，反复测量数次，求出算术平均值，并将此值作为被测零件在公差中值间的测量值。

（2）确定配合基准制　根据零件的结构、工艺性、使用条件及经济性等综合考虑，定出基准制。一般情况下，优先选取基孔制。

若轴采用冷拔钢管型材，精度满足产品的技术要求，不需要加工或极少加工时，采用基轴制。与标准件配合时，应将标准件作为基准。例如，与滚动轴承配合的轴采用基孔制，与滚动轴承配合的孔采用基轴制，与键配合的键槽采用基轴制。

（3）确定基本尺寸　无论哪种基准制，推荐按孔的实测值，根据表 1-4 来判断基本尺寸精度。确定孔、轴的基本尺寸的公式如下：

表 1-4　基本尺寸精度判断　　　　　　　　　　　　　　　　　单位：mm

| 基本尺寸 | 实测值中第一位小数值 | 基本尺寸精度 |
| --- | --- | --- |
| 1～80 | ≥2 | 含小数 |
| 80～250 | ≥3 | 含小数 |
| 250～500 | ≥4 | 含小数 |

① 基孔制：孔（轴）基本尺寸<孔实测尺寸，
　　　　　孔实测尺寸－基本尺寸≤孔的 IT11 公差值/2。
② 基轴制：孔（轴）基本尺寸>轴实测尺寸，
　　　　　基本尺寸－轴实测尺寸≤孔的 IT11 公差值/2。

（4）计算公差、确定公差等级　具体方法如下：
① 基准孔或轴的公差：
基准孔的公差　　$T_h = (L_测 - L_基) \times 2$；
基准轴的公差　　$T_s = (L_基 - L_测) \times 2$。

根据计算出的基准孔或轴的公差值，从标准公差数值表中，查出相近的标准值作为基准孔或轴的公差值，并确定公差等级。

② 确定相配件的公差等级。根据基准件公差等级，并按工艺等价性进行选择。

（5）计算基本偏差、确定配合类型　具体方法如下：
① 计算孔、轴的实测尺寸之差，得出实测间隙量或过盈量。
② 求出相配合孔、轴的平均公差：平均公差＝（孔公差＋轴公差）/2。
③ 当孔、轴实测为间隙时，可按表 1-5 确定配合类型；当孔、轴实测为过盈时，可按表 1-6 确定配合类型。

表 1-5　孔、轴实测为间隙配合时的配合

| 实测间隙种类 | | 间隙＝$\dfrac{T_h+T_s}{2}$ | 间隙＜$\dfrac{T_h+T_s}{2}$ | 间隙＞$\dfrac{T_h+T_s}{2}$ | 间隙＝$\dfrac{基准件公差}{2}$ |
| --- | --- | --- | --- | --- | --- |
| 轴<br>（基孔制） | 配合代号 | h | j、k | a、b～f、fg、g | js |
| | 基本偏差 | 上偏差 | 下偏差 | 上偏差 | $\pm\dfrac{轴公差}{2}$ |
| | 偏差性质 | 0 | — | — | |

续 表

| 实测间隙种类 | | 间隙 $= \dfrac{T_h+T_s}{2}$ | 间隙 $< \dfrac{T_h+T_s}{2}$ | 间隙 $> \dfrac{T_h+T_s}{2}$ | 间隙 $= \dfrac{基准件公差}{2}$ |
|---|---|---|---|---|---|
| 孔、轴的基本偏差计算 | | 不必计算 | 查公差表 | 基本偏差 = 间隙 $- \dfrac{T_h+T_s}{2}$ | 查公差表 |
| 孔（基轴制） | 配合代号 | H | J、K | A、B、C、CD、D、E、EF、F、FG、G | JS |
| | 基本偏差 | 下偏差 | 上偏差 | 下偏差 | $\pm \dfrac{孔公差}{2}$ |
| | 偏差性质 | 0 | + | + | |

表 1-6 孔、轴实测为过盈配合时的配合

| 轴（基孔制） | 适用范围 | 轴的公差等级为 4、5、6、7 级 | 轴的公差等级为 01、0、1、2 及 8~16 级 |
|---|---|---|---|
| | 配合代号 | m、n、p、r、s、t、u、v、x、y、z、za、zb、zc | k |
| | 基本偏差绝对值 | \|过盈\| $+ \dfrac{T_h-T_s}{2}$ ① | 当 $T_h < T_s$ 时,出现实测过盈 当 $T_h > T_s$ 时,出现实测间隙 |
| | 基本偏差 | 下偏差 | 下偏差 |
| | 偏差性质 | + | 0 |
| 孔（基轴制） | 适用范围 | 孔的公差等级 8~16 级 | 孔的公差等级≤7 级,孔公差＞轴公差 |
| | 配合代号 | K、M、N、P、R、S、T、U、V、X、Y、Z、ZA、ZB、ZC | K~ZC |
| | 基本偏差绝对值 | \|过盈\| $- \dfrac{T_h-T_s}{2}$ | \|间隙\| $+ \dfrac{IT_n-IT_{n-1}}{2}$ 或 \|过盈\| $- \dfrac{IT_n-IT_{n-1}}{2}$ ② |
| | 基本偏差 | 上偏差 | 上偏差 |
| | 偏差性质 | — | |

注：① 计算结果如出现负值，说明孔公差小于轴公差，不合适应调整孔、轴公差等级。
② 式中 n 为公差等级。

(6) 确定相配件的极限偏差　计算公式如下：
① 基准孔：上偏差　$ES = +IT$，　下偏差　$EI = 0$。
② 基准轴：上偏差　$es = 0$，　下偏差　$ei = -IT$。
③ 非基准孔或轴：上偏差　$ES(es) = EI(ei) + IT$，
　　　　　　　下偏差　$EI(ei) = ES(es) - IT$。

(7) 校核修正　按常用优先配合标准进行校核。

【例 1】　某轴和孔配合，测得轴的尺寸为 $\phi 54.986$ mm，孔的尺寸为 $\phi 55.023$ mm，圆整

计算如下:

第1步:确定配合基准制。根据结构分析,确定该配合为基孔制。

第2步:确定基本尺寸。根据表1-4,$\phi 55.023 \text{ mm}$在1~80 mm尺寸段内,小数点后第一位数值为0,小于2,故基本尺寸不含小数。根据(1-1)式和保留整数原则,基本尺寸最大值为$\phi 55 \text{ mm}$。查公差数值表得$\phi 55$的IT11标准公差值为0.190,代入(1-2)式得

$$55.023 - 55 = 0.023 < 0.095,$$

不等式成立,因此该孔的基本尺寸确定为$\phi 55 \text{ mm}$。

第3步:计算公差、确定公差等级。

① 确定基准孔的公差为

$$T_h = (L_测 - L_基) \times 2 = (55.023 - 55) \times 2 = 0.046 (\text{mm})。$$

查标准公差数值表,求得的$T_h = 0.046 \text{ mm}$与表中IT8的标准公差值一致,因此,确定孔的公差等级为IT8,即基准孔为$\phi 55 \text{H8}$。

② 确定配合轴的公差为

$$T_s = (L_基 - L_测) \times 2 = (55 - 54.986) \times 2 = 0.028 (\text{mm})。$$

查标准公差数值表,求得的$T_s = 0.028 \text{ mm}$与表中IT7的标准公差值0.030 mm接近,因此,确定孔的公差等级为IT7。

第4步:计算基本偏差、确定配合类型。

① 实际间隙 = 55.023 - 54.986 = 0.037(mm);

② 平均公差 = (0.046 + 0.030)/2 = 0.038(mm);

③ 孔、轴之间存在的间隙,查表1-5得

基本偏差 = 实际间隙 - 平均公差 = 0.037 - 0.038 = -0.001(mm)。

该值为轴的上偏差,查轴的基本偏差数值表,与-0.001 mm最为接近的上偏差值为0,因此,确定轴的基本偏差为0,即配合类型为h,即配合轴为$\phi 55 \text{h7}$。

第5步:确定孔、轴的极限偏差。查表得孔为$\phi 55 \text{H8}(^{+0.046}_{0})$,轴为$\phi 55 \text{h7}(^{0}_{-0.030})$。

第6步:校核、修正。H8/h7为优先配合,圆整的尺寸为$\phi 55 \text{H8/h7}$合理,不必修正。

### 3.2 设计圆整法

设计圆整法是以零件的实际测得的尺寸为依据,参照同类产品或类似产品来确定被测零件的基本尺寸和尺寸公差,其配合性质及配合种类是在测量的前提下,通过分析来给定。这一步骤与设计的程序类似,因此,称为设计圆整。

(1) 常规设计(即标准化设计)的尺寸圆整 在对常规设计的零件进行尺寸圆整时,一般应使其基本尺寸符合国家标准GB/T 2822—2005推荐的尺寸系列,公差符合国家标准GB/T 1800.3—2020,极限偏差符合国家标准GB/T 1800.4—2020,配合符合国家标准GB/T 1801—2009,标准表格见附录(扫描书后二维码)。

**【例2】** 某轴和孔配合,测得轴的尺寸为$\phi 39.977 \text{ mm}$,孔的尺寸为$\phi 40.022 \text{ mm}$,圆整如下:

第1步:确定孔、轴的基本尺寸。查附表6-1,从优先数系中查到孔和轴实测尺寸都靠

近 40 mm,因此该配合的基本尺寸确定为 $\phi 40$ mm。

第 2 步:确定基准制。通过结构分析,确定该配合为基孔制配合。

第 3 步:确定极限。由 $39.977-40=-0.023$,查轴的基本偏差表,40 mm 在 30~40 尺寸段,该尺寸段内靠近 $-0.023$ mm 的基本偏差值 $-0.025$ mm,基本偏差代号为 f。

第 4 步:确定公差等级(在满足使用要求的前提下,尽量选择较低等级)。根据轴孔配合的作用、结构、工艺特点,并与同类零件比较,将轴的公差等级定为 IT7 级。根据工艺等价性质,将孔的公差等级定为 IT8 级。

综上选择,最后尺寸圆整,孔为 $\phi 40H8(^{+0.039}_{0})$,轴为 $\phi 40f7(^{-0.025}_{-0.050})$。

(2) 非常规设计(即非标准化设计)的尺寸圆整 基本尺寸和公差不一定都是标准化的尺寸,称为非常规设计尺寸。非常规设计尺寸圆整的原则:

① 功能尺寸、配合尺寸、定位尺寸允许保留一位小数,个别重要的和关键的尺寸可保留两位小数,其他尺寸圆整为整数。

② 尾数删除应采用四舍六入五单双法,即逢四以下则舍、逢六以上则进、逢五则以保证偶数的原则决定进舍。例如,18.72 应圆整为 18.7(逢四以下舍去),18.77 应圆整为 18.8(逢六以上进 1 位),18.75 和 18.85 应圆整为 18.8(逢五保证为偶数)。

> **重点提示**
>
> ① 所有尺寸圆整后,尽量符合国家标准推荐的尺寸系列,尺寸尾数多为 0、2、5、8 及某些偶数。
>
> ② 删除尾数时,不得逐位删除,应只考虑删除位的数值取舍,如 55.456 保留一位小数圆整为 55.4,不应逐位圆整成 55.456→55.46→55.5。

对轴向尺寸中的功能尺寸圆整时,根据实测尺寸,制造和测量误差是由系统误差和偶然误差造成的,其概率分布应符合正态分布。即零件的实测尺寸视为公差带中部,对其基本尺寸应按国家标准尺寸系列圆整为整数,并保证公差在 IT9 级之内。公差值采用单向或双向,孔类尺寸取单向正公差,轴类尺寸取单向负公差,长度类尺寸采用双向公差。

**【例3】** 某轴向参与装配尺寸链计算,且属于轴类尺寸,实测值为 119.96 mm,圆整如下:

第 1 步:确定基本尺寸。查附表 6-1 确定基本尺寸为 120 mm。

第 2 步:确定公差值。查标准公差值表,基本尺寸在 120~180 mm 内、公差等级为 IT9 的标准公差值为 0.087 mm,取为 0.080 mm。

第 3 步:确定极限偏差。将实测值视为公差中值,按轴类尺寸确定,得到圆整尺寸和极限为 $120^{0}_{-0.080}$ mm。

第 4 步:校核。公差值取 0.080 mm,在该尺寸段 IT9 级公差之内,且接近该公差值;实测值为 119.96 mm,是 $120^{0}_{-0.080}$ mm 的公差中值,因此,圆整合理。

非功能尺寸是指一般公差的尺寸,包括功能以外的所有轴向尺寸和非配合尺寸。

对这类尺寸圆整时,主要是合理确定基本尺寸,保证尺寸的实测值在圆整后的尺寸公差范围内,圆整后的基本尺寸符合国家标准规定的优先系列数值。除个别外,一般保留整数。尺寸公差按 GB/T 1804—2000 标准规定的线性尺寸的极限偏差数值选择,见附录。

标准将这类尺寸的公差分为 f(精密级)、m(中等级)、c(粗糙级)、v(最粗级)4 个等级,根据零件精度要求从 4 种公差等级中选用一种。一般在图样中不必注在基本尺寸之后,只需在图样上、技术文件或标准中作出总的说明。例如,在零件图的标题栏上方或技术要求中注明:未注尺寸公差按 GB/T 1804 制造和验收。

### 3.3 类比圆整法

类比圆整法是根据生产实践中总结的经验资料,进行比较确定。

(1) 基准制的选择 选择方法如下:

① 优先选取基孔制。从零件的结构、工艺性和经济性等方面综合比较,基孔制优于基轴制。

② 以下情况选择基轴制:用冷拔圆钢、型材不需加工或极少加工就可以达到零件使用精度要求时,用基轴制更合理、更经济;与标准件配合,如与滚动轴承外圈外径配合的孔选用基轴制。机械结构或工艺上必须采用基轴制,如发动机中活塞销与孔的配合,采用基轴制;一轴与多孔配合时,采用基轴制;零件特大或特小时,采用基轴制。

③ 特殊情况下采用非基准制配合:当机器上出现一个非基准制孔(轴)与两个或两个以上的轴(孔)配合时,其中至少应有一个为非基准制配合,如轴承座孔与端盖的配合。

(2) 公差等级的选择 公差等级的选择参考从生产实践中总结出来的经验资料,进行比较确定。选择原则是:在满足使用要求的前提下,公差等级越低越好。选择时,可参照以下几个方面综合考虑:

① 根据零件的作用、配合表面结构和零件所配设备的精度来选择,使公差等级与它们相匹配。

② 根据各公差等级的应用范围(见附表 5.2-1)和各种加工方法所能达到的公差等级(见附表 5.2-2)来选择。公差等级的应用条件及举例见附表 5.2-3。

③ 考虑轴和孔的工艺等价性。根据我国生产实际并参照国标公差标准,国家标准规定,基本尺寸≤500 mm 的配合,当轴的标准公差等级≤IT7 时,推荐选择孔的公差等级比轴的公差等级低一级;标准公差等级≥IT8 时,推荐孔和轴选择相同的公差等级。

④ 根据相关件和配合件的精度选择。例如,与滚动轴承配合的轴颈和轴承座孔的公差等级,根据滚动轴承的精度来选取;齿轮孔与轴配合的公差等级,根据齿轮的精度来选取。

⑤ 根据配合成本选择。在满足使用要求的前提下,为降低成本,相配合的轴、孔公差等级应尽可能选择低等级。

(3) 配合的选择 基准制和公差等级确定之后,基准件的基本偏差和公差等级就已确定,配合件的公差等级也相应地确定了。因此,配合的选择就是对配合件的基本偏差的确定。

正确地选择配合,能够保证机器高质量运转、延长使用寿命,并使制造经济合理。选择配合时,参照表 1-7 综合考虑。之后,可参照表 1-8 和表 1-9 选择配合件的基本偏差及配合类型。

表 1-7 选择配合的影响因素

| 配合件影响因素 | | 配合的选择 |
|---|---|---|
| 相对运动 | 有相对运动 | 间隙配合 |
| | 运动速度较大 | 较大的间隙配合 |
| 受力大小 | 受力较大 | 较小的间隙配合 |
| | | 较大的过盈配合 |
| 定心精度 | 不高 | 可用基本偏差为 g 或 h 的间隙配合,不宜过盈配合 |
| | 较高 | 过渡配合 |
| 拆装频率 | 频繁拆装 | 较大间隙配合 |
| | | 较小过盈配合 |
| 工作温度 | 与装配时温差较大 | 考虑装配时的间隙在工作时的变化量 |
| 生产情况 | 单件小批生产 | 较大间隙配合 |
| | | 较小过盈配合 |

表 1-8 各种基本偏差的特点及应用举例

| 配合 | 基本偏差 | 配合特性及应用 |
|---|---|---|
| 间隙配合 | a(A),b(B) | 可得到特别大的间隙,应用很少 |
| | c(C) | 可得到很大的间隙,一般适用于缓慢、松弛的动配合。用于工作条件较差,受力变形大,或为了便于装配,而必须保证有较大的间隙时,推荐配合为 H11/c11;其较高等级的配合,如 H8/c7 适用于轴在高温工作的紧密配合,如内燃机排气阀和套管 |
| | d(D) | 配合一般用于 IT7~IT11 级,适用于松的转动配合,如密封盖、滑轮、空转带轮等与轴的配合;也适用于大直径滑动轴承配合,如汽轮机、球磨机轧滚成形和重型弯曲机及其他重型机械中的一些滑动支承 |
| | e(E) | 多用于 IT7~IT9 级,通常适用要求有明显间隙,易于转动的支撑配合,如大跨距支撑、多支点支撑等配合。高等级的 e 轴适用于大的、高速、重载支承,如涡轮发电机和大电动机的支承及内燃机主要轴承、凸轮轴支承、摇臂支承等配合 |
| | f(F) | 多用于 IT6~IT8 级的一般转动配合。当温度影响不大时,被广泛用于普通润滑油润滑支承,如齿轮箱、小电动机等转轴与滑动支承的配合 |
| | g(G) | 配合间隙很小,制造成本高,除很轻负荷精密装置外不推荐用转动配合。多用于 IT5~IT7 级,最适合不回转的精密滑动配合;也用于销定位配合,如精密连杆轴承、活塞及滑阀、连杆销等 |
| | h(H) | 多用 IT4~IT11 级。广泛用于无相对转动的零件,作为一般的定位配合。若没有温度、变形影响,也用于精密滑动配合 |
| 过渡配合 | js(JS) | 为完全对称偏差(±IT/2),平均起来为稍有间隙的配合,多用于 IT4~IT7 级,要求间隙比 h 轴小,并允许略有过盈的定位配合,如联轴器,可用手或木锤装配 |

续 表

| 配合 | 基本偏差 | 配合特性及应用 |
|---|---|---|
| 过盈配合 | k(K) | 平均起来没有间隙的配合,适用于IT4～IT7级,推荐用于稍有过盈的定位配合。例如,为了消除振动用的定位配合,一般用木锤装配 |
| | m(M) | 平均起来具有不大过盈的过渡配合。适用于IT4～IT7级,一般可用木锤装配,但在最大过盈时,要求相当的压入力 |
| | n(N) | 平均过盈比m稍大,很少得到间隙,适用于IT4～IT77级,用锤或压力机装配,通常推荐用于紧密的组件配合,H6/n5配合时为过盈配合 |
| | p(P) | 与H6或H7配合时,是过盈配合;与H8孔配合时,则为过渡配合。对非铁类零件为较轻的压入配合,当需要时易于拆卸。对钢、铸铁或铜、钢组件装配是标准压入配合 |
| | r(R) | 对铁类零件为中等打入配合,对非铁类零件为轻打入的配合,当需要时可以拆卸。与H8孔配合,直径在100 mm以上时,为过盈配合;直径小时,为过渡配合 |
| | s(S) | 用于钢和铁制零件的永久性和半永久装配,可产生相当大的结合力。当用弹性材料,如轻合金时,配合性质与铁类零件的p轴相当。例如,套环压装在轴上、阀座等配合。当尺寸较大时,为了避免损伤配合表面,需用热膨胀或冷缩法装配 |
| | t(T),u(U)<br>v(V),x(X)<br>y(Y),z(Z) | 过盈量依次增大,一般不用 |

表 1-9 优先配合选用说明

| 优先配合 | | 说　明 |
|---|---|---|
| 基孔制 | 基轴制 | |
| $\dfrac{H11}{c11}$ | $\dfrac{C11}{h11}$ | 间隙非常大,用于很松的、转动很慢的动配合,要求大公差与大间隙的外露组件,要求装配方便的、很松的配合 |
| $\dfrac{H9}{d9}$ | $\dfrac{D9}{h9}$ | 间隙很大的自由转动配合,用于精度为非主要要求时,或有大的温度变动、高转速或大的轴颈压力时 |
| $\dfrac{H8}{f7}$ | $\dfrac{F8}{h7}$ | 间隙不大的转动配合,用于中等转速与中等轴颈压力的精确转动,也用于装配较易的中等定位配合 |
| $\dfrac{H7}{g6}$ | $\dfrac{G7}{h6}$ | 间隙很小的滑动配合,用于不希望自由转动,但可自由转动和滑动并精密定位时,也可用于要求明确的定位配合 |
| $\dfrac{H7}{h6}$,$\dfrac{H8}{h7}$<br>$\dfrac{H9}{h9}$,$\dfrac{H11}{h11}$ | $\dfrac{H7}{h6}$,$\dfrac{H8}{h7}$<br>$\dfrac{H9}{h9}$,$\dfrac{H11}{h11}$ | 均为间隙配合,零件可自由装拆,而工作时一般相对静止不动。在最大实体条件下的间隙为零,在最小实体条件下的间隙由公差等级决定 |
| $\dfrac{H7}{k6}$ | $\dfrac{K7}{h6}$ | 过渡配合,用于精密定位 |

续 表

| 优先配合 | | 说　明 |
|---|---|---|
| 基孔制 | 基轴制 | |
| $\dfrac{H7}{n6}$ | $\dfrac{N7}{h6}$ | 过渡配合,允许有较大过盈的更精密定位 |
| $\dfrac{H7}{p6}$ | $\dfrac{P7}{h6}$ | 过盈定位配合,即小过盈配合,用于定位精度特别重要时,能以最好的定位精度达到部件的刚性及对中的性能要求,而对内孔承受压力无特殊要求,不依靠配合的紧固性传递摩擦负荷 |
| $\dfrac{H7}{s6}$ | $\dfrac{S7}{h6}$ | 中等压入配合,适用于一般钢件,或用于薄壁件的冷缩配合,用于铸铁件可得到最紧的配合 |
| $\dfrac{H7}{u6}$ | $\dfrac{U7}{h6}$ | 压入配合,适用于可以承受高压力的零件或不宜承受大压力的冷缩配合 |

**4. 零件测绘步骤**

零件测绘的具体步骤包括:
第1步:了解和分析测绘零件,确定表达方案。
第2步:绘制零件草图。
第3步:绘制零件工作图。

## 任务1.1 ▶ 机泵轴测绘

### 工作任务

完成机泵轴的测绘,具体要求见表1-1-1所示的工作任务单。

表1-1-1　工作任务单

| 任务介绍 | 在教师的指导下,完成机泵轴的测绘任务 |
|---|---|
| 任务要求 |  <br>图1-1-1　机泵轴<br>徒手绘制轴的零件草图<br>测量并正确标注尺寸<br>确定并标注技术要求<br>绘制轴零件工作图 |
| 测绘工具、设备 | 钢直尺、内外卡钳、游标卡尺、外径千分尺、螺距规每组一套<br>图板、丁字尺每人一套 |

续 表

| 学习目标 | 能够选用适当的表达方法(视图、剖视图、断面图、局部放大图等)表达轴类零件<br>能够快速徒手绘制轴类零件草图<br>学会使用测量工具正确测量尺寸<br>能够按照国家标准规定标注尺寸<br>能够正确绘制轴类零件工作图<br>养成正确绘图的习惯,养成工程意识、成本意识、创新意识 |
|---|---|
| 学习重点 | 徒手绘制零件草图<br>测量并标注尺寸 |
| 学习难点 | 尺寸的测量<br>零件技术要求的确定 |
| 参考标准 | GB/T 2822—2005　　标准尺寸。<br>GB/T 1800—2020　　产品几何技术规范(GPS)　线性尺寸公差 ISO 代号体系<br>GB/T 1801—2009　　产品几何技术规范(GPS)　极限与配合　公差带和配合的选择<br>GB/T 1804—2000　　一般公差　未注公差的线性和角度尺寸的公差<br>GB/T 1182—2018　　产品几何技术规范(GPS)　几何公差　形状、方向、位置和跳动公差标注<br>GB/T 1184—1996　　形状和位置公差　未注公差值 |

## 三 知识链接

遵守标准
担起责任

### 1. 轴套类零件的功能及结构特点

轴类零件主要用来支承传动零部件、承受载荷、传递动力和运动。其结构特点为轴向尺寸大于径向尺寸的同轴回转体,常见工艺结构有倒角、圆角、退刀槽、越程槽、键槽、螺纹、中心孔、径向孔等。

套类零件主要起支承、导向作用。套类零件的外圆表面与机架或箱体孔相配合起支承作用,内孔主要起导向作用或支承作用,常与运动轴、主轴、活塞、滑阀相配合。有些套的端面或凸缘端面有定位或支承载荷的作用。其结构特点为径向尺寸大于轴向尺寸的同轴回转体,主要由内外圆表面组成,壁厚较小,常见工艺结构有倒角、退刀槽、越程槽、螺纹、径向孔等。

### 2. 轴套类零件的视图表达

轴套类零件主视图的选择首先考虑形状特征原则,其次考虑加工位置原则。由于轴套类零件主要加工工序是车削和磨削,其加工时在车床或磨床上以轴线定位,因此该类零件以轴线水平放置为主视图的投射方向,一般将孔、槽朝前或朝上放置。

轴类零件一般是实心或局部有孔、槽等结构,因此主视图大多采用视图或局部剖视图,孔、槽等结构采用移出断面图或局部放大图表达。套类零件一般是空心的,因此主视图大多采用全剖视图或半剖视图表达,周向结构较复杂可增加反映圆的视图。

**3. 轴套类零件的尺寸标注**

轴套类零件以轴线作为径向尺寸基准,根据轴在机器中的作用,选择重要的安装端面(轴肩)作为轴向的主要基准,轴的两端测量基准作为辅助基准。主要尺寸必须直接标注出来,其余尺寸按加工顺序标注。

对于倒角、倒圆、退刀槽、砂轮越程槽、键槽、中心孔等标准化的结构,应按标准化尺寸标注。

尺寸标注应布置清晰,方便读图。在剖视图中,内外结构的尺寸分开标注,将车、铣、钻等不同工序的尺寸分开标注。

**4. 轴套类零件的技术要求**

4.1 轴类零件

轴用轴承支承,与轴承配合的轴段称为轴颈。轴颈是轴的装配基准,它们的精度和表面质量一般要求较高,其技术要求一般根据轴的主要功用和工作条件制定,通常有以下几项:

(1) 尺寸公差的确定 起支承作用的轴颈为了确定轴的位置,通常对其尺寸精度要求较高(IT5～IT7)。装配传动件的轴颈尺寸精度一般要求较低(IT6～IT9)。对于阶梯轴的各台阶的长度按使用要求给定公差,或按装配尺寸链要求分配公差。

(2) 几何公差的确定 轴类零件的几何形状精度主要是指轴颈、外锥面、莫氏锥孔等的圆度、圆柱度等,一般应将其公差限制在尺寸公差范围内。对精度要求较高的内外圆表面,应在图纸上标注其允许偏差。

轴类零件的位置精度要求主要是由轴在机器中的位置和功用决定的。通常应保证装配传动件的轴颈对支承轴颈的同轴度要求,否则会影响传动件(齿轮等)的传动精度,并产生噪声。通常选择测量方便的径向圆跳动来表示,普通精度的轴对支承轴颈的径向跳动一般为0.01～0.03 mm,高精度轴为 0.001～0.005 mm。

(3) 表面粗糙度值的确定 在国家标准 GB/T 3505—2009 中,规定了评定零件表面结构的 3 组轮廓参数:R 轮廓(粗糙度轮廓)参数、W 轮廓(波纹度轮廓)参数、P 轮廓(原始轮廓)参数。表面结构的参数值要根据零件表面功能分别选用,粗糙度轮廓参数是评定零件表面质量的一项重要指标,它对零件的配合性质、强度、耐磨性、抗腐蚀性、密封性等影响很大。因此,此处主要介绍生产中常用的评定粗糙度轮廓的一个主要参数:轮廓的算术平均偏差 $Ra$ 值的确定。

确定表面粗糙度值的常用方法有比较法、测量仪测量法和类比法。比较法和测量仪测量法适用于确定没有磨损或磨损极小的零件表面粗糙度;对于磨损严重的零件表面,只能采用类比法确定表面粗糙度值。

类比法的一般选用原则:

① 同一零件上,工作表面的粗糙度值应比非工作表面小。

② 配合性质要求越稳定,其配合表面的粗糙度值应越小;配合性质相同时,零件尺寸越小,粗糙度值也越小;同一精度等级,小尺寸比大尺寸、轴比孔的粗糙度值要小。

③ 运动速度高、压强大的表面,以及受交变应力作用的重要零件的表面粗糙度值

要小。

④ 摩擦表面比非摩擦表面的粗糙度值要小,滚动摩擦表面比滑动摩擦表面的粗糙度值要小。

⑤ 防腐性、密封性要求高的表面粗糙度值要小。

⑥ 凡有关标准已对表面粗糙度值作出规定的(如轴承、齿轮、量具等),应按标准规定选取表面粗糙度值。

⑦ 表面粗糙度值应与尺寸公差及形位公差协调(可参照附表5.3-6确定)。

在确定表面粗糙度值时,应仔细观察被测表面的粗糙度情况,查阅相关资料,认真分析被测表面的作用、运动状态、加工方法等,参照附表5.1-1和附表5.1-2初步选定粗糙度值,然后再对比工作条件作适当调整。

(4) 材料及热处理　一般轴类零件常用34、45、50优质碳素结构钢,经正火、调质及部分表面淬火等热处理,得到所要求的强度、韧性和硬度。45钢应用最为广泛,一般经调质处理硬度达到230~260 HBS。

对中等精度而转速较高的轴类零件,一般选用合金钢(如40Cr等),经过调质和表面淬火处理,使其具有较高的综合力学性能,硬度达到230~240 HBS或淬硬到35~42 HRC。

对在高转速、重载荷等条件下工作的轴类零件,可选用20Cr、20CrMnTi、20Mn2B等低碳合金钢,经渗碳淬火处理后,具有很高的表面硬度,心部则获得较高的强度,具有较高的耐磨性、抗冲击韧性和耐疲劳强度的性能。

对高精度和高转速的轴,可选用38CrMoAlA高级优质合金钢,其热处理变形较小,经调质和表面渗氮处理,达到很高的心部强度和表面硬度,从而获得优良的耐磨性和耐疲劳性。

### 4.2　套类零件

(1) 尺寸精度　套类零件内孔直径尺寸公差一般为IT7级,精密轴套孔为IT6级。外圆表面通常是套类零件的支承表面,常用过盈配合或过渡配合与箱体机架上的孔联结,外径尺寸公差一般为IT6~IT7级。

(2) 几何形状精度　内孔几何形状公差(圆度)一般为尺寸公差的1/2~1/3。较长的套类零件除有圆度要求的同时,还需要注出孔的轴线的直线度公差。外圆形状公差被控制在外径尺寸公差范围内(按包容要求在尺寸公差后注Ⓔ)。

(3) 位置精度　如果孔的加工是在装配前完成,则内孔与外圆一般具有较高的同轴度要求,一般为$\phi 0.01 \sim 0.05$ mm。若孔的最终加工是将套筒装入机座后进行,则内外圆同轴度要求较低。

(4) 表面粗糙度值　内孔的表面结构轮廓的算术平均偏差$Ra$为$1.6 \sim 0.08\ \mu m$,要求高的精密套筒可达$0.04\ \mu m$,外圆的表面结构轮廓的算术平均偏差$Ra$为$6.3 \sim 3.2\ \mu m$。

(5) 材料及热处理　套类零件的材料,一般用钢、铸铁、青铜或黄铜制成。孔径较大的套筒,一般选用带孔的铸件、锻件或无缝钢管。孔径较小时,可选用冷轧或冷拉棒料或实心铸件。在大批量生产情况下,为节省材料、提高生产率,也可用挤压、粉末冶金、工艺制造精度较高的材料。有些强度要求较高的套(如镗床主轴套、伺服阀的阀套等),则选用优质合金钢。

## 任务实施

### 第 1 步　了解和分析被测轴,确定表达方案

(1) 结构分析　如图 1-1-2 所示,该轴为机泵轴,主要起支承和传递扭矩的作用。轴的工作部分为了与叶轮和联轴器联结,因此有键槽;用一对轴承支承的两段轴加工质量高,有砂轮越程槽;为了加工完整的螺纹,有螺纹退刀槽;轴端面有倒角,两端有中心孔。

轴

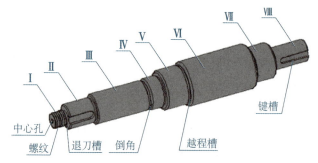

图 1-1-2　轴的结构分析

(2) 确定表达方案　具体如下:
① 主视图的选择:按加工位置原则将轴线水平放置,键槽朝前。
② 其他视图的选择:分别用移出断面图表达两个键槽的结构。

### 第 2 步　绘制零件草图

#### 1. 徒手绘制视图

徒手画图也称草图,零件草图是指在现场条件下,不需借助尺规等专用绘图工具,以目测实物的大致比例,按一定的画法要求徒手绘制的图样。在现场测绘、讨论设计方案、技术交流、现场参观时,通常需要绘制草图。所以,徒手绘图是和使用尺规绘图同样重要的绘图技能。

(1) 绘制零件草图要求　图不潦草、图形正确、表达清晰、图面整洁、字体工整、技术要求符合规范。

零件草图的内容与零件工作图相同,具有一组视图、完整的尺寸、技术要求、标题栏。

(2) 徒手绘制草图的基本要求和要领　包括:
① 所画图线线型分明,符合国家标准,自成比例,字体工整,图样内容完整,且正确无误。
② 图形尺寸和各部分之间的比例关系要大致准确。
③ 绘图速度要快。

(3) 徒手绘制草图的步骤　操作如下:
① 选择图纸幅面,确定绘图比例,优先选用 1∶1。
② 绘制图框线和标题栏。

③ 布置视图,绘制基准线。
④ 绘制主视图。
⑤ 绘制移出断面图。
⑥ 选择尺寸基准,绘制尺寸界线、尺寸线、箭头。
⑦ 检查、调整,如图 1-1-3 所示。

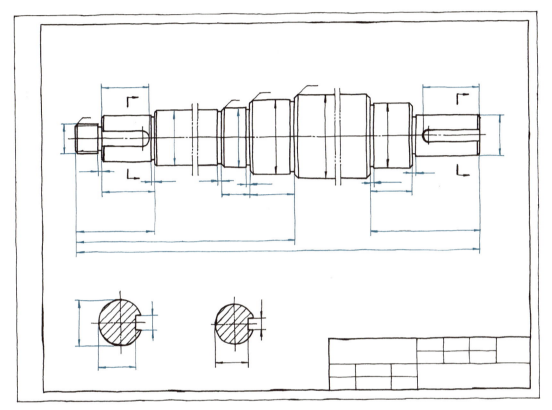

图 1-1-3 轴的零件草图

## 2. 尺寸测量及尺寸公差的确定

(1) 轴向尺寸　第Ⅵ段轴的右轴肩作为轴向尺寸的主要基准,轴的左右两端面作为辅助基准。

用钢直尺或游标卡尺由主要基准测量轴向尺寸,进行圆整:62、280、144、45、30、25、16、32、27 等。

(2) 径向尺寸　轴线作为径向尺寸基准,用游标卡尺或千分尺逐段测量直径尺寸,并记录,见表 1-1-2。对于无配合的尺寸允许将测量值按标准进行圆整,如 $\phi 45$;对于有配合关系的尺寸,一般只测出它的基本尺寸,其配合性质及相应的公差值经过分析、计算后,查阅相关标准确定。

(3) 螺纹尺寸　第Ⅰ段轴具有外螺纹结构,测量步骤如下:
① 用游标卡尺测量螺纹的大径为 $\phi 16.04$ mm。
② 用螺距规测量螺距为 2 mm,查附表 1-1,确定该螺纹为粗牙普通螺纹,公称直径为 16 mm。

表 1-1-2 轴直径尺寸测量与圆整　　　　　　　　　　　　　单位:mm

| 轴段 | 测量值1 | 测量值2 | 测量值3 | 平均值 | 配合性质 种类 | 配合性质 制度 | 圆整尺寸 |
|---|---|---|---|---|---|---|---|
| Ⅱ | $\phi 25.025$ | $\phi 25.024$ | $\phi 25.021$ | $\phi 25.023$ | 过盈 | 基孔制 | $\phi 25\ m7(^{+0.029}_{+0.008})$ |
| Ⅲ | $\phi 30.050$ | $\phi 30.055$ | $\phi 30.055$ | $\phi 30.053$ | 间隙 | 基孔制 | $\phi 30\ h8(^{0}_{-0.033})$ |
| Ⅳ | $\phi 32.055$ | $\phi 32.051$ | $\phi 32.057$ | $\phi 32.054$ | / | / | $\phi 32$ |
| Ⅴ | $\phi 40.010$ | $\phi 40.012$ | $\phi 40.011$ | $\phi 40.011$ | 过盈 | 基孔制 | $\phi 40\ m6(^{+0.025}_{+0.009})$ |
| Ⅵ | $\phi 44.975$ | $\phi 44.956$ | $\phi 44.966$ | $\phi 44.966$ | / | / | $\phi 45$ |
| Ⅶ | $\phi 35.008$ | $\phi 35.005$ | $\phi 35.001$ | $\phi 35.004$ | 过盈 | 基孔制 | $\phi 35\ k6(^{+0.018}_{+0.002})$ |
| Ⅷ | $\phi 22.020$ | $\phi 22.021$ | $\phi 22.019$ | $\phi 22.020$ | 过盈 | 基孔制 | $\phi 22\ m7(^{+0.029}_{+0.008})$ |

③ 查附表 6-4,确定倒角为 C2。

④ 通过目测,观察该螺纹为单线、右旋螺纹。

(4) 键槽尺寸　该轴有两个键槽结构,以第Ⅱ段轴为例,键槽尺寸测量如下:

① 用游标卡尺测量轴径,确定基本尺寸为 $\phi 25\ \text{mm}$。

② 用游标卡尺测量键槽长度尺寸及定位尺寸为 27 mm。

③ 用游标卡尺测量键槽宽度为 8.08 mm,深度为 20.98 mm。

④ 根据轴的直径尺寸,查附表 3-1,取标准尺寸及公差,如图 1-1-4(a)所示。

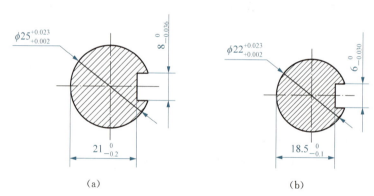

(a)　　　　　　　　　　　　(b)

图 1-1-4　键槽尺寸标注

第Ⅷ段轴的键槽尺寸测量方法相同,结果如图 1-1-4(b)所示。

(5) 退刀槽和越程槽尺寸　退刀槽尺寸根据螺纹公称直径 M16 和螺距查附表 6-4,标准槽宽为 3.4~6 mm,深度为 $d-3$,即 $16-3=13(\text{mm})$。

越程槽尺寸根据各段轴直径查附表 6-5,确定各越程槽尺寸见表 1-1-3。

(6) 倒角尺寸　各段轴倒角尺寸根据其轴径查附表 6-3,确定各倒角尺寸见表 1-1-3 所示。

(7) 中心孔尺寸　观察轴两端中心孔结构,参照附表 6-6 确定为 A 型中心孔,测量中心孔直径为 3.96 mm,取标准值为 $D=4\ \text{mm}$,$D_1$ 为 8.5 mm,零件完工后中心孔需保留,标

表 1-1-3 越程槽和倒角尺寸　　　　　　　　　　　　　单位:mm

| 序号 | 1 | 2 | 3 | 4 | 5 | 6 | 7 |
|---|---|---|---|---|---|---|---|
| 轴径 | $\phi25$ | $\phi30$ | $\phi32$ | $\phi40$ | $\phi45$ | $\phi35$ | $\phi22$ |
| 槽宽 $b_1$ | 2.0 | 2.0 | 2.0 | 2.0 | — | 2.0 | 2.0 |
| 槽深 $h$ | 0.3 | 0.3 | 0.3 | 0.3 | — | 0.3 | 0.3 |
| 倒角 $C$ | 1.0 | 1.0 | 1.6 | 1.6 | 1.6 | 1.0 | 1.0 |

记为 GB/T 4459.5—A4/8.5。

完成尺寸测量,标注如图 1-1-5 所示。

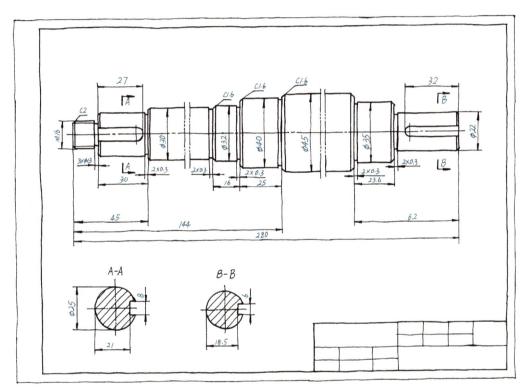

图 1-1-5　轴的零件草图—尺寸标注

### 3. 表面结构和几何公差确定

应用类比法,参照附表 5.1-1 和附表 5.1-2,确定各段轴的表面粗糙度值;参照附录 5.3,确定几何公差项目及公差值,见表 1-1-4。

表 1-1-4　轴各段表面结构、形位公差

| 项目＼轴段 | Ⅰ | Ⅱ | Ⅲ | Ⅳ | Ⅴ | Ⅵ | Ⅶ | Ⅷ | Ⅱ、Ⅷ段轴键槽 | |
|---|---|---|---|---|---|---|---|---|---|---|
| | | | | | | | | | 底面 | 两侧面 |
| 表面粗糙度值/$\mu m$ | 1.6 | 0.8 | 1.6 | 12.5 | 0.8 | 12.5 | 0.8 | 0.8 | 6.3 | 3.2 |

续 表

| 项目 \ 轴段 | Ⅰ | Ⅱ | Ⅲ | Ⅳ | Ⅴ | Ⅵ | Ⅶ | Ⅷ | Ⅱ、Ⅷ段轴键槽 | |
|---|---|---|---|---|---|---|---|---|---|---|
| | | | | | | | | | 底面 | 两侧面 |
| 形位公差/mm | / | 圆跳动 0.03 | 圆跳动 0.03 | 圆跳动 0.03 | 圆度 0.012 | 垂直度 0.03 | 同轴度 0.03 圆度 0.012 | 圆跳动 0.03 | / | 对称度 0.03 |
| 材料 | 45，调质处理 | | | | | | | | | |

完成技术要求标注如图 1-1-6 所示。

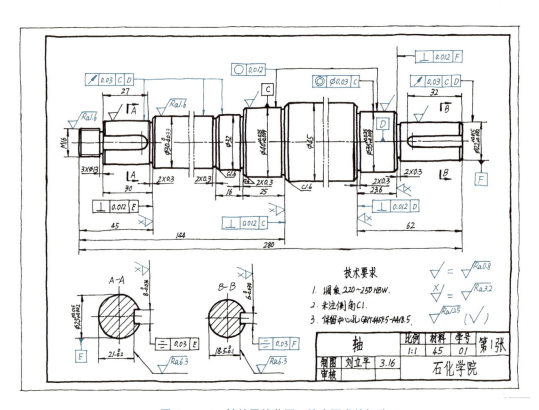

图 1-1-6 轴的零件草图—技术要求的标注

### 4. 填写标题栏

正确填写标题栏内零件名称、材料、数量、图号等内容，完成零件草图如图 1-1-6 所示。

### 5. 校对

由于零件草图是在现场测绘的，有些表达可能不是很完善，因此，在画零件图之前，应仔细检查零件草图表达是否完整、清晰和简便；尺寸标注是否齐全、清晰和合理；技术条件是否既满足零件的性能要求，又比较经济，各项技术要求之间是否协调；图中各项内容是否符合标准，必要时进行调整。

对上述内容审核时,发现问题应在绘制零件工作图前予以修改、订正。一般除视图表达在草图上可以不作修正外,其余有关尺寸、技术要求等项内容,在画零件工作图前必须在草图上作相应的修正,以便日后查对。

### 第3步 绘制零件工作图

对零件草图进行审核,对表达方案进行适当调整。绘制零件工作图的方法和步骤如下:
① 选择标准图幅,确定绘图比例,优先选用1∶1。
② 绘制图框线和标题栏。
③ 布置视图,绘制基准线。
④ 绘制视图。
⑤ 绘制尺寸界线、尺寸线。
⑥ 绘制技术要求符号(表面结构、几何公差)。
⑦ 检查,调整。
⑧ 加深。
⑨ 绘制箭头、标注尺寸数值、表面粗糙度值、几何公差值等。
⑩ 填写标题栏。
根据零件草图,整理零件工作图,如图1-1-7所示。

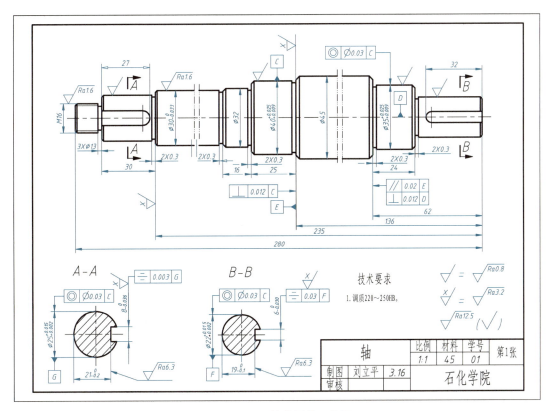

图1-1-7 轴的零件工作图

### 模仿练习

模仿机泵轴的测绘方法,完成一级齿轮减速器中输出轴的测绘,如图1-1-8所示。

图1-1-8　一级齿轮减速器中输出轴

## 任务1.2　▶　直齿圆柱齿轮的测绘

### 工作任务

完成直齿圆柱齿轮的测绘,具体要求见表1-2-1所示的工作任务单。

表1-2-1　工作任务单

| | |
|---|---|
| 任务介绍 | 在教师的指导下,完成一级减速器齿轮的测绘任务 |
| 任务要求 | 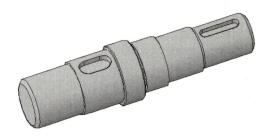<br>图1-2-1　直齿圆柱齿轮<br><br>徒手绘制齿轮零件草图<br>测量尺寸<br>确定齿轮参数<br>正确标注尺寸<br>确定并标注技术要求<br>绘制齿轮零件工作图 |
| 测绘工具、设备 | 钢直尺、内外卡钳、游标卡尺、外径千分尺、公法线千分尺每组一套<br>图板、丁字尺每人一套 |
| 学习目标 | 能够选用适当的表达方法(视图、剖视图、断面图、局部放大图等)表达盘盖类零件<br>能够快速徒手绘制齿轮类零件草图<br>学会正确测量尺寸<br>能够按照国家标准规定标注尺寸<br>能够正确绘制齿轮类零件工作图<br>养成正确绘图的习惯,养成工程意识、成本意识 |

续 表

| 学习重点 | 徒手绘制零件草图<br>测量并标注尺寸 |
|---|---|
| 学习难点 | 测量尺寸<br>参数的确定<br>技术要求的确定 |
| 参考标准 | GB/T 2822—2005　标准尺寸<br>GB/T 1800—2020　产品几何技术规范(GPS)　线性尺寸公差 ISO 代号体系<br>GB/T 1801—2009　产品几何技术规范(GPS)　极限与配合　公差带和配合的选择<br>GB/T 1804—2000　一般公差　未注公差的线性和角度尺寸的公差<br>GB/T 1182—2018　产品几何技术规范(GPS)　几何公差　形状、方向、位置和跳动公差标注<br>GB/T 1184—1996　形状和位置公差　未注公差值 |

## 三 知识链接

小小齿轮承载中国机械发展史

### 1. 测量尺寸

#### 1.1 测量齿顶圆直径 $d_a$ 和齿根圆直径 $d_f$

(1) 偶数齿轮的测量　对于偶数齿轮，用游标卡尺或千分尺直接测量 $d_a$ 和 $d_f$，如图 1-2-2 所示。在不同位置测量 3~4 次，取平均值。

(2) 奇数齿轮的测量　用以下两种方法：

① 间接测量法。有孔的奇数齿轮，可以采用间接测量方法测量出 $d_a$ 和 $d_f$。如图 1-2-3(a) 所示，间接测量出轴孔直径、内孔壁到齿顶或齿根的距离，通过计算得到 $d_a$ 和 $d_f$。

② 校正系数法。如图 1-2-3(b) 所示，测量齿顶到另一侧齿端部的距离 $d'_a$，然后按下式进行校正，即

$$d_a = k d'_a,$$

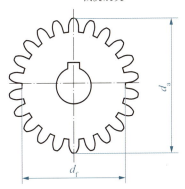

图 1-2-2　偶数齿轮齿顶圆直径、齿根圆直径的测量方法

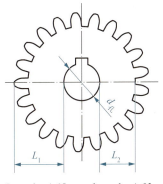

$d_a = d_{孔} + 2L_1$　　$d_f = d_{孔} + 2L_2$

(a) 间接测量法

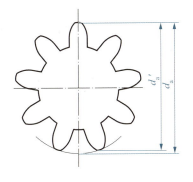

(b) 矫正系数法

图 1-2-3　奇数齿轮齿顶圆直径的测量方法

式中 $k$ 为校正系数,见表 1-2-2。

表 1-2-2 奇数齿轮齿顶圆直径校正系数 $k$

| 齿数 $z$ | 校正系数 $k$ | 齿数 $z$ | 校正系数 $k$ | 齿数 $z$ | 校正系数 $k$ |
|---|---|---|---|---|---|
| 7 | 1.02 | 21 | 1.0028 | 35 | 1.001 |
| 9 | 1.0154 | 23 | 1.0023 | 37 | 1.0009 |
| 11 | 1.0103 | 25 | 1.0020 | 39 | 1.0008 |
| 13 | 1.0073 | 27 | 1.0017 | 41,43 | 1.0007 |
| 15 | 1.0055 | 29 | 1.0015 | 45 | 1.0006 |
| 17 | 1.0043 | 31 | 1.0013 | 47～51 | 1.0005 |
| 19 | 1.0034 | 33 | 1.0011 | 53～57 | 1.0004 |

### 1.2 测算齿数 $z$

对于完整的齿轮,直接数出齿数 $z$。对于不完整的齿轮,可以采用图解法或计算法测算出齿数。

(1) 图解法 如图 1-2-4 所示,操作步骤如下:

第 1 步:圆心为 $O$,以齿顶圆直径 $d_a$ 画圆。

第 2 步:任取完整的 $n$ 个轮齿(图中取 7 个轮齿),量取其弦长 $L$,如图 1-2-4(a)所示。

第 3 步:以 $A$ 点为圆心,$L$ 为半径截取得到 $B$、$C$ 点;以 $B$ 点为圆心,$L$ 为半径截取 $D$ 点,如图 1-2-4(b)所示。

第 4 步:以相邻两轮齿的弦长 $l$ 为半径,在 $DC$ 弧上截取得到 1、2、3 点;3 点与 $C$ 点基本重合,如图 1-2-4(b)所示。

图 1-2-4 中的齿数为 $z=3\times6+3=21$。

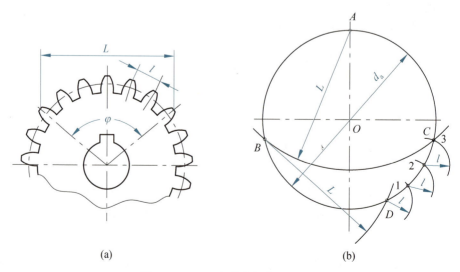

图 1-2-4 不完整齿轮齿数的测算

(2) 计算法 操作如下:

第1步:量出跨 $k$ 个齿的弦长 $L$。

第2步:计算 $k$ 个轮齿所含圆心角,$\varphi = 2\arcsin\dfrac{L}{d_a}$。

第3步:计算齿数 $z = 360°\dfrac{k}{\varphi}$。

### 1.3 测量公法线长度 $W_k$、$W_{k+1}$ 或 $W_{k-1}$

用游标卡尺或公法线千分尺测量公法线长度,如图 1-2-5 所示。首先要合理选择跨测齿数 $k$,若选择跨测齿数过大,则测齿卡尺的量爪与齿廓的切点会偏向齿顶,甚至无法相切;若选择跨测齿数过小,则测齿卡尺的量爪与齿廓的切点会偏向齿根。合理的跨测齿数应使卡尺量爪与齿廓的切点位于分度圆上或分度圆附近,以提高尺寸精度。应在相同的 $k$ 个齿内完成 $W_k$、$W_{k+1}$ 或 $W_{k-1}$ 的测量。

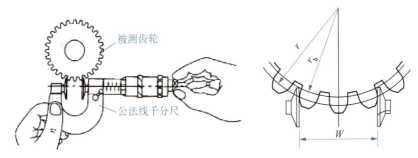

图 1-2-5 公法线长度测量

跨测齿数 $k$ 的计算公式为

$$k = \dfrac{z\alpha}{180°} + 0.5(\text{四舍五入圆整})。$$

跨测齿数也可以从表 1-2-3 中查得。例如 $\alpha = 20°$,$z = 33$。查表 1-2-3,跨测齿数 $k = 4$,需要测量 $W_4$、$W_5$ 或 $W_3$。

表 1-2-3 测量公法线长度时的跨测齿数 $k$

| 压力角 $\alpha$ | 跨测齿数 $k$ | | | | | | | |
| --- | --- | --- | --- | --- | --- | --- | --- | --- |
| | 2 | 3 | 4 | 5 | 6 | 7 | 8 | 9 |
| | 被测齿轮齿数 $z$ | | | | | | | |
| 14.5° | 9~23 | 24~35 | 36~47 | 48~59 | 60~70 | 71~82 | 83~95 | 96~100 |
| 15° | 9~23 | 24~35 | 36~47 | 48~59 | 60~71 | 72~83 | 84~96 | 96~107 |
| 20° | 9~18 | 19~27 | 28~36 | 37~45 | 46~54 | 55~63 | 64~72 | 73~81 |
| 22.5° | 9~16 | 17~24 | 25~32 | 33~40 | 41~48 | 49~56 | 57~64 | 65~72 |
| 25° | 9~14 | 15~21 | 22~29 | 30~36 | 37~43 | 44~51 | 52~58 | 59~65 |

### 1.4 测量中心距 a

可以通过测量齿轮啮合轴或孔的距离和轴径或孔径,计算得到中心距 a。如图 1-2-6 所示,中心距

$$a = L_1 + (d_1 + d_2)/2 = L_2 - (d_1 + d_2)/2。$$

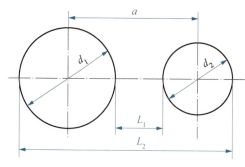

图 1-2-6 中心距的测量

## 2. 确定标准参数

### 2.1 确定模数

在确定基本参数之前,首先要确定齿轮的制造国,参照表 1-2-4 确定制造国,通过初步判断齿轮采用米制式(即模数制),还是径节制式。

表 1-2-4 世界主要国家圆柱齿轮常用基本齿廓主要参数

| 国别 | 齿形种类 | $m$ 或 DP | $\alpha$ | $h_a^*$ | $c^*$ | $p_f$ |
|---|---|---|---|---|---|---|
| 国际标准化组织 | 标准齿形 | $m$ | 20° | $1m$ | $0.25m$ | $0.38m$ |
| 中国 | 标准齿形 | $m$ | 20° | $1m$ | $0.25m$ | $0.38m$ |
| | 短齿齿形 | $m$ | 20° | $0.8m$ | $0.3m$ | |
| 德国 | 标准齿形 | $m$ | 20° | $1m$ | $(0.1\sim0.3)m$ | |
| | 短齿齿形 | $m$ | 20° | $0.8m$ | $(0.1\sim0.3)m$ | |
| 法国 | 标准齿形 | $m$ | 20° | $1m$ | $0.25m$ | $0.38m$ |
| 日本 | 标准齿形 | $m$ | 20° | $1m$ | $0.25m$ | |
| 英国 | 标准齿形 | DP | $14\frac{1}{2}°$ | $1m$ | $0.157m$ | |
| | 标准齿形 | DP | 20° | $1m$ | $0.25\sim0.40m$ | $(0.25\sim0.39)m$ |
| | 标准齿形 | $m$ | 20° | $1m$ | $0.25\sim0.40m$ | $(0.25\sim0.39)m$ |
| 美国 | 标准齿形 | DP | $14\frac{1}{2}°$ | $1m$ | $0.25\sim0.35m$ | |
| | 标准齿形 | DP | 25° | $1m$ | $0.25\sim0.35m$ | |
| | 标准齿形 | DP | 20° | $1m$ | $0.20\sim0.40m$ | |
| | 短齿齿形 | DP | $22\frac{1}{2}°$ | $0.875m$ | $0.125m$ | |

通过观察齿轮的齿廓形状确定齿轮制式。在图 1-2-7 所示的齿形图中,齿形弯曲、齿槽根部狭窄,且圆弧大的是模数齿轮(图(a));齿形平直、齿槽根部宽平,且圆弧小的是径节齿轮(图(b))。另外,标准齿形细长(图(c)),短齿齿形较矮且顶部宽(图(d))。

(a) 模数齿轮　　　　　(b) 径节齿轮　　　　(c) 标准齿形　(d) 短齿齿形

图 1-2-7　齿轮的齿形

(1) 通过齿顶圆直径或齿根圆直径计算确定模数　即

$$m = \frac{d_a}{z + 2h_a^*}, \quad 或 \quad m = \frac{d_f}{z - 2h_a^* - 2c^*},$$

式中，$h_a^*$ 为齿顶高系数，标准齿形 $h_a^* = 1$，短齿形 $h_a^* = 0.8$；$c^*$ 为顶隙系数，标准齿形 $c^* = 0.25$。

(2) 通过全齿高计算确定模数　即

$$m = \frac{h}{2h_a^* + c^*} = \frac{d_a - d_f}{2(2h_a^* + d_f)}。$$

(3) 通过中心距计算模数　即

$$m = \frac{2a}{z_1 + z_2}。$$

将上述计算结果进行分析比较，参照表 1-2-5 确定模数。

表 1-2-5　渐开线圆柱齿轮模数（GB/T 1357—1987）

| 第一系列 | 0.1, 0.12, 0.15, 0.2, 0.25, 0.3, 0.4, 0.5, 0.6, 0.8, 1, 1.25, 1.5, 2, 2.5, 3, 4, 5, 6, 8, 10, 12, 16, 20, 25, 32, 40, 50 |
|---|---|
| 第二系列 | 0.35, 0.7, 0.9, 1.75, 2.25, 2.75, (3.25), 3.5, (3.75), 4.5, 5.5, (6.5), 7, 9, (11), 14, 18, 22, 28, 36, 45 |

注：选用模数时，应优先选用第一系列，其次是第二系列，尽可能不用括号内的模数。

### 2.2　确定压力角

(1) 齿形样板对比法　按标准齿条的轮廓形状制造出一系列齿形样板。将齿形样板放在轮齿上，对光观察齿侧间隙和径向间隙，可同时确定齿轮的压力角 $\alpha$ 和模数 $m$。

(2) 齿轮滚刀试滚法　齿轮滚刀是按展成法加工齿轮的刀具。选用不同齿形角 $\alpha$ 的齿轮滚刀与齿轮作啮合滚动，观察齿形是否一致，刀具顶部与齿轮的齿根有无间隙，确定压力角 $\alpha$。

(3) 公法线长度法　按照测量的公法线长度 $W_k$、$W_{k+1}$ 或 $W_{k-1}$，推算出基圆的齿距 $P_b$，计算压力角，即

$$\alpha_P = \arccos \frac{P_b}{\pi m} = \arccos \frac{W_k - W_{k-1}}{\pi m}。$$

也可以按照表 1-2-6 基圆齿距数值表确定压力角。

表 1-2-6　基圆齿距 $P_b = \pi m \cos \alpha$ 数值表节选　　　　单位：mm

| 模数 $m$/mm | 径节 $P$/in | $\alpha$ | | | | | | |
|---|---|---|---|---|---|---|---|---|
| | | 25° | 22.5° | 20° | 17.5° | 16° | 15° | 14.5° |
| 1 | 25.400 0 | 2.847 | 2.902 | 2.952 | 2.996 | 3.020 | 3.035 | 3.042 |
| 1.058 | 24 | 3.012 | 3.071 | 3.123 | 3.170 | 3.195 | 3.211 | 3.218 |
| 1.155 | 22 | 3.289 | 3.352 | 3.410 | 3.461 | 3.488 | 3.505 | 3.513 |
| 1.25 | 20.320 0 | 3.559 | 3.628 | 3.690 | 3.745 | 3.775 | 3.793 | 3.802 |
| 1.270 | 20 | 3.616 | 3.686 | 3.749 | 3.805 | 3.835 | 3.854 | 3.863 |
| 1.411 | 18 | 4.017 | 4.095 | 4.165 | 4.228 | 4.261 | 4.282 | 4.292 |
| 1.5 | 16.933 3 | 4.271 | 4.354 | 4.428 | 4.494 | 4.530 | 4.552 | 4.562 |
| 1.583 | 16 | 4.521 | 4.609 | 4.688 | 4.758 | 4.796 | 4.819 | 4.830 |
| 1.75 | 14.514 3 | 4.983 | 5.079 | 5.166 | 5.243 | 5.285 | 5.310 | 5.323 |
| 1.814 | 14 | 5.165 | 5.205 | 5.355 | 5.435 | 5.478 | 5.505 | 5.517 |
| 2 | 12.700 0 | 5.694 | 5.805 | 5.904 | 5.992 | 6.040 | 6.069 | 6.083 |
| 2.117 | 12 | 6.028 | 6.144 | 6.250 | 6.343 | 6.393 | 6.424 | 6.439 |
| 2.25 | 11.288 9 | 6.406 | 6.531 | 6.642 | 6.741 | 6.795 | 6.828 | 6.843 |
| 2.309 | 11 | 6.574 | 6.702 | 6.816 | 6.918 | 6.973 | 7.007 | 7.023 |
| 2.5 | 10.160 0 | 7.118 | 7.256 | 7.380 | 7.490 | 7.550 | 7.586 | 7.604 |
| 2.54 | 10 | 7.232 | 7.372 | 7.498 | 7.610 | 7.671 | 7.708 | 7.725 |
| 2.75 | 9.236 4 | 7.830 | 7.982 | 8.118 | 8.240 | 8.305 | 8.345 | 8.364 |
| 2.822 | 9 | 8.635 | 8.191 | 8.331 | 8.455 | 8.522 | 8.563 | 8.583 |
| 3 | 8.466 7 | 8.542 | 8.707 | 8.856 | 8.989 | 9.060 | 9.104 | 9.125 |
| 3.175 | 8 | 9.040 | 9.215 | 9.373 | 9.513 | 9.588 | 9.635 | 9.657 |
| 3.25 | 7.815 4 | 9.254 | 9.433 | 9.594 | 9.738 | 9.815 | 9.862 | 9.885 |
| 3.5 | 7.257 1 | 9.965 | 10.159 | 10.332 | 10.487 | 10.570 | 10.621 | 10.645 |
| 3.629 | 7 | 10.333 | 10.533 | 10.713 | 10.873 | 10.959 | 11.012 | 11.038 |
| 3.75 | 6.773 3 | 10.677 | 10.884 | 11.070 | 11.236 | 11.325 | 11.380 | 11.406 |
| 4 | 6.350 0 | 11.389 | 11.610 | 11.809 | 11.986 | 12.080 | 12.138 | 12.166 |
| 4.233 | 6 | 12.052 | 12.236 | 12.496 | 12.683 | 12.783 | 12.845 | 12.875 |
| 4.5 | 5.644 4 | 12.813 | 13.061 | 13.285 | 13.483 | 13.590 | 13.655 | 13.687 |
| 5 | 5.080 0 | 14.236 | 14.512 | 14.761 | 14.931 | 15.099 | 15.173 | 15.208 |

## 2.3 确定齿顶高系数 $h_a^*$ 和顶隙系数 $c^*$

（1）通过齿顶圆直径 $d_a$ 计算确定齿顶高系数 $h_a^*$ 即

$$h_a^* = \frac{d_a}{2m} - \frac{z}{2}。$$

（2）通过齿根圆直径 $d_f$ 或全齿高 $h$ 计算确定齿顶隙系数 $c_a^*$ 即

$$C^* = \frac{z}{2} - \frac{d_f}{2m} - 2h_a^*，\quad 或 \quad C^* = \frac{h}{m} - 2h_a^*。$$

计算结果应与标准值相符，否则可能是变位齿轮或其他齿轮。

### 3. 计算和校核加工齿轮所需的全部几何尺寸

外啮合标准直齿圆柱齿轮的几何尺寸，可按照表 1-2-7 中的公式计算。

表 1-2-7 外啮合标准直齿圆柱齿轮尺寸计算

| 名称 | 代号 | 计算公式 |
| --- | --- | --- |
| 模数 | $m$ | $m = P/\pi = d/z = d_a/(z+2)$ |
| 齿距 | $P$ | $P = \pi m = \pi d/z$ |
| 齿数 | $z$ | $z = d/m = \pi d/P$ |
| 分度圆直径 | $d$ | $d = mz = d_a - 2m$ |
| 齿顶圆直径 | $d_a$ | $d_a = m(z+2) = d + 2m = P(z+2)/\pi$ |
| 齿根圆直径 | $d_f$ | $d_f = d - 2.5m = m(z - 2.5) = d_a - 2h = d_a - 4.5m$ |
| 齿顶高 | $h_a$ | $h_a = m = P/\pi$ |
| 齿根高 | $h_f$ | $h_f = 1.25m$ |
| 齿高 | $h$ | $h = 2.25m$ |
| 齿厚 | $s$ | $s = P/2 = \pi m/2$ |
| 中心距 | $a$ | $a = (z_1 + z_2)m/2 = (d_1 + d_2)/2$ |
| 跨测齿数 | $k$ | $k = z\alpha/180° + 0.5$ |
| 公法线长度 | $W_k$ | $W_k = m\cos\alpha[\pi(k - 0.5) + z(\tan\alpha - \alpha)]$ |

### 4. 确定精度等级

#### 4.1 确定精度等级

齿轮及齿轮副国家标准规定了 12 个精度等级，第 1 级的精度最高，第 12 级的精度最低。齿轮副中两个齿轮的精度等级一般取成相同，也允许取成不相同。

确定齿轮的精度等级，必须根据齿轮的传动用途、工作条件等方面的要求而定，即综合考虑齿轮的圆周速度、传动功率、工作持续时间、机械振动、噪声和使用寿命等因素。

精度等级可以采用计算法来确定，但企业大多采用经验类比法来确定，表 1-2-8 列举了常用机器传动中齿轮的精度等级。

表 1-2-8 齿轮精度等级

| 机器类型 | 精度等级 | 机器类型 | 精度等级 |
| --- | --- | --- | --- |
| 测量齿轮 | 3～5 | 一般用途减速器 | 6～8 |
| 透平机用减速器 | 3～6 | 载重汽车 | 6～9 |
| 金属切削机床 | 3～8 | 拖拉机及轧钢机的小齿轮 | 6～10 |
| 航空发动机 | 4～7 | 起重机械 | 7～10 |
| 轻便汽车 | 5～8 | 矿山用卷扬机 | 8～10 |
| 内燃机车和电气机车 | 5～8 | 农业机械 | 8～11 |

4.2 齿轮精度等级的标注

在齿轮零件图中,应标注齿轮的精度等级和齿厚偏差代号或偏差数值。举例如下:

(1) 第Ⅰ公差组精度为 7 级,第Ⅱ、Ⅲ公差组精度为 6 级,齿厚上偏差为 G,齿厚下偏差为 M,表示为

```
7-6-6 G M  GB 10095—88
        │ │
        │ └─ 齿厚下偏差
        └─── 齿厚上偏差
   │ │ └──── 第Ⅲ公差组的精度等级
   │ └────── 第Ⅱ公差组的精度等级
   └──────── 第Ⅰ公差组的精度等级
```

(2) 齿轮 3 个公差组精度同为 7 级,其齿厚上偏差为 F,下偏差为 L,表示为

```
7 F L  GB 10095—88
  │ └─ 齿厚下偏差
  └─── 齿厚上偏差
└───── 第Ⅰ、Ⅱ、Ⅲ公差组的精度等级
```

(3) 齿轮的 3 个公差组精度同为 4 级,其齿厚上偏差为 $-330\mu m$,下偏差为 $-405\mu m$,表示为

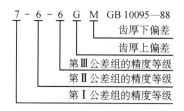

```
4 (−0.330/−0.405)  GB 10095—88
       └─ 齿厚上、下偏差
  └───── 第Ⅰ、Ⅱ、Ⅲ公差组的精度等级
```

5. 确定技术要求

5.1 确定表面结构

齿轮各表面的表面结构采用轮廓算术平均偏差评定参数,其值的确定与精度等级、工艺方法密切相关,可参照表 1-2-9 选用。

表 1-2-9 齿轮各主要表面表面结构 $Ra$ 的推荐值　　　　　　　　单位：$\mu m$

| 部位 | 齿轮精度等级 | | | | |
|---|---|---|---|---|---|
| | 5 | 6 | 7 | 8 | 9 |
| 工作齿面 | 0.2～0.4 | 0.4 | 0.4～0.8 | 0.8～1.6 | 1.6～3.2 |
| 齿轮基准孔 | 0.2～0.8 | 0.8～1.6 | | 1.6～3.2 | |
| 齿轮轴的基准轴颈 | 0.2～0.4 | 0.4～0.8 | | 0.8～1.6 | |
| 齿轮基准端面 | 0.4～0.8 | 0.8～1.6 | | 0.8～3.2 | 3.2～6.3 |
| 齿轮顶圆 | 0.8～1.6 | 1.6～3.2 | | 3.2～6.3 | |

注：① 如果齿轮采用组合精度，按其中精度最高的等级选用 $Ra$ 的值。
② 如果齿轮齿顶圆直径作基准时，要适当减小齿顶圆表面的 $Ra$ 值。

## 5.2 确定尺寸公差和几何公差

为了保证齿轮的精度，必须对经过机械加工而仅未加工出轮齿之前的齿坯提出尺寸公差和形位公差的要求，可以参照表 1-2-10 确定齿轮中心距的极限偏差、参照表 1-2-11 确定齿坯公差、参照表 1-2-12 确定齿坯基准面径向和端面圆跳动公差。

表 1-2-10 中心距极限偏差值 $\pm f_a$ 值　　　　　　　　单位：$\mu m$

| 第Ⅱ公差组精度等级 | | 5～6 | 7～8 | 9～10 |
|---|---|---|---|---|
| 齿轮副的中心距/mm | | 极限偏差 $\pm f_a$ | | |
| 大于 | 到 | $\frac{1}{2}$IT7 | $\frac{1}{2}$IT8 | $\frac{1}{2}$IT9 |
| 6 | 10 | 7.5 | 11 | 18 |
| 10 | 18 | 9 | 13.5 | 21.5 |
| 18 | 30 | 10.5 | 16.5 | 26 |
| 30 | 50 | 12.5 | 19.5 | 31 |
| 50 | 80 | 15 | 23 | 37 |
| 80 | 120 | 17.5 | 27 | 43.5 |
| 120 | 180 | 20 | 31.5 | 50 |
| 180 | 250 | 23 | 36 | 57.5 |
| 250 | 315 | 26 | 40.5 | 65 |
| 315 | 400 | 28.5 | 44.5 | 70 |
| 400 | 500 | 31.5 | 48.5 | 77.5 |
| 500 | 630 | 35 | 55 | 87 |
| 630 | 800 | 40 | 62 | 100 |
| 800 | 1 000 | 45 | 70 | 115 |
| 1 000 | 1 250 | 52 | 82 | 130 |
| 1 250 | 1 600 | 62 | 97 | |

表 1-2-11 齿坯公差

| 齿轮精度等级[①] | | 1 | 2 | 3 | 4 | 5 | 6 | 7 | 8 | 9 | 10 | 11 | 12 |
|---|---|---|---|---|---|---|---|---|---|---|---|---|---|
| 孔 | 尺寸公差 | IT4 | IT4 | IT4 | IT4 | IT5 | IT6 | IT7 | | IT8 | | IT8 | |
| | 形状公差 | IT1 | IT2 | IT3 | | | | | | | | | |
| 轴 | 尺寸公差 | IT4 | IT4 | IT4 | IT4 | IT5 | | IT6 | | IT7 | | IT8 | |
| | 形状公差 | IT1 | IT2 | IT3 | | | | | | | | | |
| 顶圆直径[②] | | IT6 | | | IT7 | | | IT8 | | IT9 | | IT11 | |
| 基准面的径向跳动[③] | | 见表 1-2-12 | | | | | | | | | | | |
| 基准圆的端面跳动 | | | | | | | | | | | | | |

注：① 当 3 个公差组的精度等级不同时，按最高的精度等级确定公差值。
② 当顶圆不作测量齿厚的基准时，尺寸公差按 IT11 给定，但不大于 $0.1m$。
③ 当以顶圆作基准面时，本表就指顶圆的径向跳动。

表 1-2-12 齿坯基准面径向和端面圆跳动公差　　　　　　　　　　　　单位：$\mu m$

| 分度圆直径/mm | | 精度等级 | | | | |
|---|---|---|---|---|---|---|
| 大于 | 到 | 1 和 2 | 3 和 4 | 5 和 6 | 7 和 8 | 9 到 12 |
| — | 125 | 2.8 | 7 | 11 | 18 | 28 |
| 125 | 400 | 3.6 | 9 | 14 | 22 | 36 |
| 400 | 800 | 5 | 12 | 20 | 32 | 50 |
| 800 | 1 600 | 7 | 18 | 28 | 45 | 71 |
| 1 600 | 2 500 | 10 | 25 | 40 | 63 | 100 |
| 2 500 | 4 000 | 16 | 40 | 63 | 100 | 160 |

### 5.3　确定材料及热处理

齿轮的材料及热处理是根据鉴定结果和齿轮的用途、工作条件，参照表 1-2-13 综合考虑后确定。

表 1-2-13 齿轮的材料及热处理

| 工作条件及特性 | 材料 | 代用材料 | 热处理 | 硬度 |
|---|---|---|---|---|
| 在低速度及轻负荷下工作，而不受冲击性负荷的齿轮 | HT150～HT350 | | | |
| 在低速及中负荷下工作的齿轮 | 45 | 50 | 调质 | 220～250 HBW |
| | 40Cr | 45Cr<br>35Cr<br>35CrMnSi | 调质 | 220～250 HBW |

续 表

| 工作条件及特性 | 材料 | 代用材料 | 热处理 | 硬度 |
|---|---|---|---|---|
| 在低速及重负荷或高速及中负荷下工作,而不受冲击性负荷的齿轮 | 45 | 50 | 高频表面加热淬火 | 45～50 HRC |
| 在中速及中负荷下工作的齿轮 | 50Mn2 | 50SiMn<br>45Mn2<br>40CrSi | 淬火、回火 | 255～302 HBW |
| 在中速及重负荷下工作的齿轮 | 40Cr<br>35CrMo | 30CrMnSi<br>40CrSi | 淬火<br>回火 | 45～50 HRC |
| 在高速及轻负荷下工作、无猛烈冲击、精密度及耐磨性要求较高的齿轮 | 40Cr | 35Cr | 碳氮共渗或渗碳、淬火、回火 | 48～54 HRC |
| 在高速及中负荷下工作,并承受冲击负荷的小齿轮 | 15 | 20<br>15Mn | 渗碳<br>淬火、回火 | 48～54 HRC |
| 在高速及中负荷下工作,并承受冲击负荷的外形复杂的重要齿轮 | 20Cr<br>18CrMnTi | 20Mn2B | 渗碳、淬火、回火 | 56～62 HRC |
| 在高速及中负荷下工作、无猛烈冲击的齿轮 | 40Cr | — | 高频感应加热淬火 | 50～55 HRC |
| 在高速及重负荷下工作的齿轮 | 40CrNi<br>12CrNi3<br>35CrMoA | | 淬火、回火（渗碳） | 45～50 HRC |
| 周速为 40～50 m/s | 夹布胶木 | | | |

硬齿面的齿轮,其大小齿轮硬度可以相同,也可以小齿轮硬度高于大齿轮 20～30 HB 或 2～3 个 HRC。

## 任务实施

直齿轮柱齿轮

### 第 1 步 了解和分析被测齿轮,确定表达方案

（1）结构分析 该齿轮为减速器中的大齿轮,小齿轮将输入轴的转动传递给输出轴的大齿轮,实现减速、变向的作用。该齿轮有键槽、倒角等结构,如图 1-2-8 所示。

（2）确定表达方案 具体如下：

① 主视图的选择：按加工位置原则将轴线水平放置,键槽朝上。

② 其他视图的选择：用局部视图表达键槽的结构。

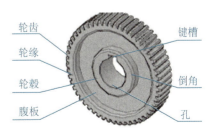

图 1-2-8 齿轮的结构分析

**第 2 步　绘制零件草图**

1. 徒手绘制图框、标题栏、参数表、视图

参照任务 1.1 绘制齿轮零件草图,包括齿轮参数表,如图 1-2-9 所示。

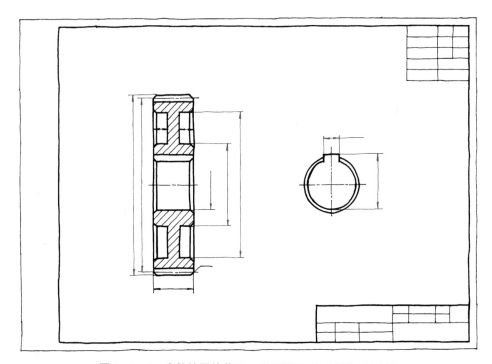

图 1-2-9　齿轮的零件草图—绘制视图、尺寸界线、尺寸线

2. 测量、计算、标注尺寸

（1）测量轮齿部分　步骤如下:

第 1 步:数出齿数 $z=55$,该齿轮为奇数齿轮。

第 2 步:测量齿顶圆直径 $d_a$（校正系数法）。参照图 1-2-3(b) 测量 $d'_a=113.98$,查表 1-2-2,确定奇数齿轮齿顶圆直径校正系数 $k=1.0004$,计算得

$$d_a = k \times d'_a = 1.0004 \times 113.98 = 114.025\,592。$$

测量齿根圆直径（间接测量法）。参照图 1-2-3(a),得

$$d_f = d_{孔} + 2L_2 = 32.01 + 2 \times 36.48 = 104.97。$$

第 3 步:计算模数 $m$。以 $h_a^* = 1$, $c^* = 0.25$ 代入公式,即

$$m' = \frac{d_a}{z + 2h_a^*} = \frac{114.025\,592}{55 + 2 \times 1} = 2.0004;$$

$$m'' = \frac{d_f}{z - 2h_a^* - 2c^*} = \frac{104.97}{55 - 2 \times 1 - 2 \times 0.25} = 1.994。$$

查表 1-2-5,标准模数 2 与计算值接近,故初步定为模数齿轮,且模数 $m=2\,\text{mm}$。

第4步:确定压力角并验证模数。查表1-2-3,得到测量齿轮公法线长度时跨测齿数为7,测量$W_7=39.96$,$W_8=45.84$。计算分度圆齿距为

$$P_b = W_8 - W_7 = 45.84 - 39.96 = 5.88。$$

查表1-2-6,表中5.904与计算值5.88接近,即压力角$\alpha=20°$,模数$m=2$。

第5步:确定齿顶高系数$h_a^*$和顶隙系数$c^*$。

① 通过齿顶圆直径$d_a$计算确定齿顶高系数:

$$h_a^* = \frac{d_a}{2m} - \frac{z}{2} = \frac{114.025\,592}{2\times 2} - \frac{55}{2} = 1.006\,398。$$

② 通过齿根圆直径$d_f$计算确定齿顶隙系数:

$$c^* = \frac{z}{2} - \frac{d_f}{2m} - h_a^* = \frac{55}{2} - \frac{104.97}{2\times 2} - 1 = 0.257\,5。$$

判断为标准齿轮,$h_a^*=1$,$c^*=0.25$。

第6步:计算并校核主要尺寸。

分度圆直径 $\qquad d = mz = 2 \times 55 = 110$;

齿顶圆直径 $\qquad d_a = 2 \times (55 + 2 \times 1) = 114$;

齿根圆直径 $\qquad d_f = 2 \times (55 - 2 \times 1 - 2 \times 0.25) = 105$。

(2)测量其他部分 齿轮除了轮齿部分,其他结构常规测量。但孔的键槽因与键配合,测出孔径之后查附表3-1,确定键槽宽度及深度并标注公差,如图1-2-10(a)所示。根据类比法确定表面结构及几何公差并标注,如图1-2-10(b)所示。

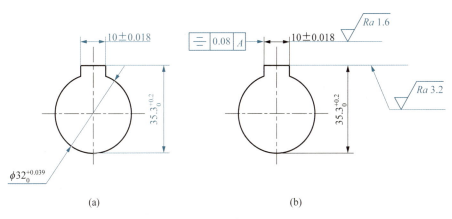

图1-2-10 齿轮键槽孔的测量与标注

### 3. 确定精度等级

参照表1-2-8,将齿轮精度等级确定为7级,参照齿厚极限偏差$E_s$参考值将齿厚极限偏差代号定为HK。齿轮精度标注代号为7HK。

### 4. 确定尺寸公差和几何公差

参照表1-2-11和附表(标准公差值),将齿顶圆直径公差定为IT11级,即 $\phi 114_{-0.22}^{0}$,齿轮孔公差为IT7级。

参照表1-2-12,径向跳动公差定为18 $\mu m$,端面跳动公差定为18 $\mu m$。

### 5. 确定表面结构

参照表1-2-9,确定齿轮各表面的表面结构轮廓算术平均偏差 $Ra$ 值见表1-2-14。

表1-2-14 齿轮表面结构值  单位:$\mu m$

| 被测表面 | 齿轮工作齿面 | 齿顶圆 | 基准孔 | 基准端面 |
|---|---|---|---|---|
| $Ra$ 值 | 0.8 | | 1.6 | |

### 6. 确定齿轮的材料及热处理

根据鉴定结果和齿轮的工作条件,参照表1-2-13,选用合金钢40Cr,齿面淬火48~54 HRC。

### 7. 填写标题栏和参数表

正确填写标题栏内零件名称、材料、数量、图号等内容,完成零件草图,如图1-2-11所示。

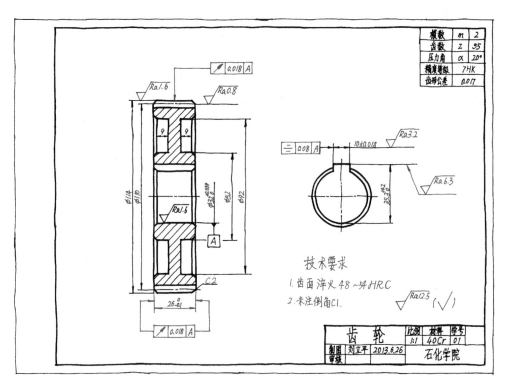

图1-2-11 齿轮的零件草图—标注尺寸、技术要求

### 8. 校对

检查草图:视图的表达是否正确,尺寸标注是否正确、完整、清晰、合理,参数确定是否有

误等,进行调整、修正。

**第 3 步　绘制零件工作图**

参照任务 1.1 的步骤绘制齿轮零件工作图,如图 1-2-12 所示。

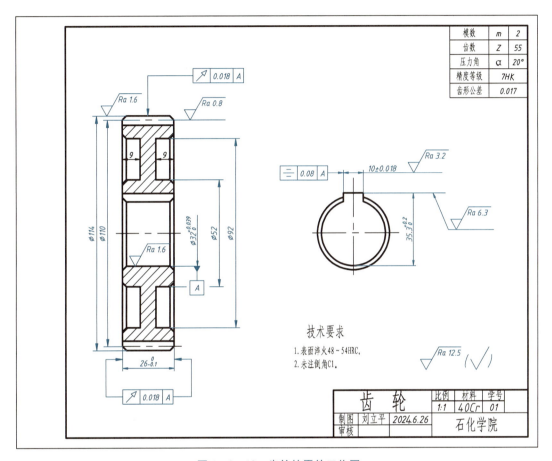

图 1-2-12　齿轮的零件工作图

### 模仿练习

模仿一级齿轮减速器中齿轮的测绘方法,对齿轮油泵中的传动齿轮进行测绘,如图 1-2-13 所示。

图 1-2-13　齿轮油泵中的传动齿轮

## 考核评价

| 直齿圆柱齿轮的测绘考核评价单 | | | |
|---|---|---|---|
| 评价项目 | 评价内容 | 分值 | 得分 |
| 测量 | 齿顶圆直径 $d_a$ 和齿根圆直径 $d_f$ | 15 | |
| | 齿数 $z$ | | |
| | 公法线长度 $W_k$、$W_{k+1}$ 或 $W_{k-1}$ | | |
| 确定参数 | 模数 $m$ | 10 | |
| | 压力角 $\alpha$ | | |
| | 齿顶高系数 $h_a^*$ 和顶隙系数 $c^*$ | | |
| 计算 | 分度圆直径 $d$ | 5 | |
| | 齿顶圆直径 $d_a$ | | |
| | 齿根圆直径 $d_f$ | | |
| 确定精度技术要求 | 精度等级 | 10 | |
| | 尺寸公差 | | |
| | 形位公差 | | |
| | 表面结构 | | |
| | 材料及热处理 | | |
| 零件草图 | 方案合理 | 25 | |
| | 结构表达完整，无重复、漏表达结构 | | |
| | 视图表达正确、完整 | | |
| | 尺寸标注正确、完整、清晰、合理 | | |
| | 尺寸公差标注正确 | | |
| | 形位公差标注正确 | | |
| | 表面结构标注正确 | | |
| | 标题栏格式、内容正确、技术要求注写正确 | | |
| 零件工作图 | 视图表达方案正确、合理 | 25 | |
| | 尺寸标注正确、完整、清晰、合理 | | |
| | 技术要求标注正确、合理 | | |
| | 标题栏注写正确 | | |
| | 线型、线宽绘制正确 | | |

续 表

| 评价项目 | 评价内容 | 分值 | 得分 |
|---|---|---|---|
|  | 图面布置合理、干净整洁 |  |  |
| 小组互评 | 达到任务目标要求、与人沟通、团队协作 | 5 |  |
| 考勤 | 是否缺勤 | 5 |  |
| 综合评价 |  | 100 |  |

## 任务 1.3 ▶ 减速器箱体的测绘

### 工作任务

完成减速器箱体的测绘,具体要求见表1-3-1所示的工作任务单。

表1-3-1 工作任务单

| 任务介绍 | 在教师的指导下,完成一级减速器箱体的测绘任务 |
|---|---|
| 任务要求 | 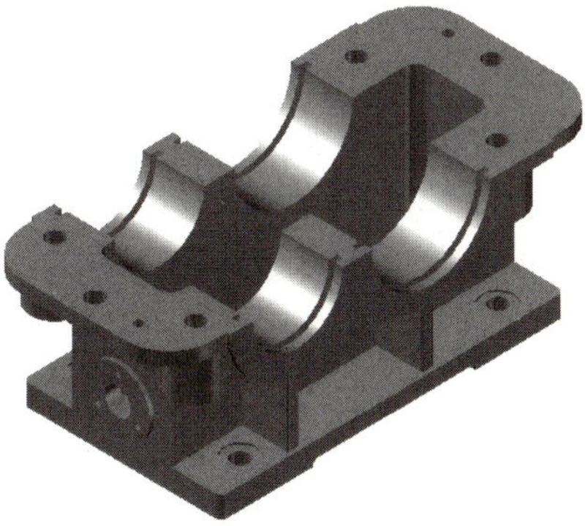 徒手绘制箱体零件草图<br>测量尺寸<br>正确标注尺寸<br>确定并标注技术要求<br>绘制箱体零件工作图<br><br>图1-3-1 减速器箱体 |
| 测绘工具、设备 | 钢直尺、内外卡钳、游标卡尺、千分尺、半径规每组一套<br>图板、丁字尺每人一套 |
| 学习目标 | 能够选用适当的表达方法(视图、剖视图、断面图、局部放大图等)表达箱体类零件<br>能够快速徒手绘制箱体类零件草图<br>学会正确测量尺寸<br>能够按照国家标准规定标注尺寸<br>能够正确绘制箱体类零件工作图<br>养成正确绘图的习惯,养成工程意识、成本意识 |
| 学习重点 | 徒手绘制零件草图<br>测量并标注尺寸 |

续　表

| 学习难点 | 表达方案的确定<br>草图的绘制<br>尺寸的测量 |
|---|---|
| 参考标准 | GB/T 2822—2005　　标准尺寸<br>GB/T 1800—2020　　产品几何技术规范(GPS)　线性尺寸公差 ISO 代号体系<br>GB/T 1801—2009　　产品几何技术规范(GPS)　极限与配合　公差带和配合的选择<br>GB/T 1804—2000　　一般公差　未注公差的线性和角度尺寸的公差<br>GB/T 1182—2018　　产品几何技术规范(GPS)　几何公差　形状、方向、位置和跳动公差标注<br>GB/T 1184—1996　　形状和位置公差　未注公差值 |

## 三　知识链接

**1. 箱体类零件的功用及结构特点**

减速器箱体属于典型的箱体类零件。

箱体类零件是机器或部件的主要零件,主要用来支承、容纳、定位和密封。其内、外结构一般都较为复杂,多为有一定壁厚的中空腔体。常见的箱体类零件有机床主轴箱、机床进给箱、变速箱体、减速箱体、齿轮油泵泵体、阀门阀体、发动机缸体和机座等。

箱体类零件内、外结构都比较复杂,但仍有共同的主要特点:由薄壁围成不同形状的空腔,空腔壁上有多方向的孔,用以支承和容纳其他零件。另外,具有凸台、凹坑、凹槽、放油孔、安装底板、肋板、销孔、螺纹孔、螺栓孔、铸造圆角、拔模斜度等结构。

**2. 箱体类零件的视图表达**

箱体类零件通常采用 3 个或 3 个以上的基本视图表达,根据具体结构特点选用全剖、半剖或局部剖视图,并辅以断面图、斜视图、局部视图等表达方法。

箱体类零件主视图的投射方向,按工作位置选取最能反映零件各部分结构形状和相对位置的方向。

主视图确定后,根据由主体到局部、逐步补充的顺序加以完善,具体方法如下:

(1) 分析除主视图外其他尚未表达清楚的主要部分,确定相应的基本视图。

(2) 分析其他未表达清楚的次要部分,选择适当表达方法或增加其他视图加以补充。

**3. 箱体类零件的尺寸标注**

(1) 选择尺寸基准　高度方向一般选择设计基准、工艺基准重合的底面,长度和宽度方向通常选择主要孔的轴线、对称面和重要的端面为基准。

(2) 标注定形尺寸、定位尺寸和总体尺寸　箱体类零件的结构比较复杂,应用形体分析法逐一标注其定形尺寸、定位尺寸和总体尺寸。

(3) 标准化结构标注标准尺寸　箱体类零件中很多结构均已标准化,如销孔、沉孔、螺纹孔、铸造圆角、拔模斜度等,这些结构的尺寸标注应查阅国家标准,按规定标注尺寸。

(4) 重要尺寸直接标注　影响产品性能、工作精度和配合的重要尺寸必须直接注出,重要尺寸分为以下 4 类:

① 直接影响零件运动、传动准确度的尺寸。
② 机器的性能规格尺寸。
③ 两零件相互配合的尺寸。
④ 决定零件在机器或部件中相对位置的尺寸。

### 4. 箱体类零件的技术要求

#### 4.1　确定表面结构

箱体类零件的非加工表面可以直接标注符号 $\sqrt{}$ ;对于加工表面,可以根据测量结果,参照表 1-3-2 来确定。

表 1-3-2　剖分式减速器箱体的表面结构值　　　　　　　　　　单位:μm

| 加工表面 | 减速器剖分面 | 减速器底面 | 轴承座孔面 | 轴承座孔外端面 | 螺栓孔座面 |
|---|---|---|---|---|---|
| Ra | 3.2~1.6 | 12.5~6.3 | 3.2~1.6 | 6.3~3.2 | 12.5~6.3 |
| 加工表面 | 圆锥销孔面 | 视孔盖接触面 | 油塞孔座面 | 嵌入盖凸缘槽面 | 其他表面 |
| Ra | 3.2~1.6 | 12.5 | 12.5~6.3 | 6.3~3.2 | >12.5 |

#### 4.2　确定尺寸公差

箱体类零件的尺寸公差有孔径的公差、啮合传动轴支承孔之间的中心距的尺寸公差等。通常情况下,各种机床主轴箱上的主轴孔的公差等级取 IT6 级,其他支承孔的公差等级取 IT7 级。孔径的基本偏差代号视具体情况而定,如安装滚动轴承外圈孔的公差带可以参照表 1-3-3 选取。啮合传动轴支承孔间的中心距公差应根据传动副的精度等级等条件选用,机床圆柱齿轮箱体孔中心距极限偏差见表 1-3-4。在测绘中,可以采用类比法,根据实践经验并参照相关资料和同类零件的公差,综合考虑后确定公差。

#### 4.3　确定几何公差

在测绘过程中,可以采用测量法测出箱体上各检测部位的几何公差,再参照同类零件确定公差值,同时必须注意与表面结构、尺寸公差相适应。箱体类零件形位公差的测量见表 1-3-5。

表 1-3-3 安装滚动轴承外圈孔的公差带

| 外圈工作条件 | | | | 应用举例 | 公差代号② |
|---|---|---|---|---|---|
| 旋转状态 | 载荷 | 轴向位移的限度 | 其他情况 | | |
| 外圈相对载荷方向静止 | 轻、正常和重载荷 | 轴向容易移动 | 轴处于高温 | 烘干筒、有调心滚子轴承的大电动机 | G7 |
| | | | 剖分式外壳 | 一般机械、铁路车辆轴箱 | H7① |
| | 冲击载荷 | 轴向能移动 | 整体式或剖分式外壳 | 铁路车辆轴箱轴承 | J7① |
| 外圈相对载荷方向摆动 | 轻和正常载荷 | | 整体式或剖分式外壳 | 电动机、泵、曲轴主轴承 | |
| | 正常和重载荷 | | | 电动机、泵、曲轴主轴承 | K7① |
| | 重冲击载荷 | 轴向不移动 | 整体式外壳 | 牵引电动机 | M7① |
| 外圈相对于载荷复杂旋转 | 轻载荷 | | | 张紧滑轮 | |
| | 正常和重载荷 | | | 装用球轴承的轮毂 | N7① |
| | 重冲击载荷 | | 薄壁、整体式外壳 | 装用滚子轴承的轮毂 | P7① |

注：① 凡对精度要求较高的场合，应用 H6、J6、K6、M6、N6、P6 分别代替 H7、J7、K7、M7、N7、P7，并应选用整体式箱体。
② 对于轻铝合金外壳，应选择比钢或铸铁箱体较紧的配合。

表 1-3-4 机床圆柱齿轮箱体孔中心距极限偏差±$F_a$值　　　　　　单位：μm

| 箱体孔的中心距/mm | | 齿轮第Ⅱ公差组精度等级 | | | | | | | |
|---|---|---|---|---|---|---|---|---|---|
| | | 3~4级 | | 5~6级 | | 7~8级 | | 9~10级 | |
| | | 极限偏差±$F_a$ | | | | | | | |
| 大于 | 到 | $\frac{1}{2}$IT6 | $\frac{1}{2}$IT6.5 | $\frac{1}{2}$IT7 | $\frac{1}{2}$IT7.5 | $\frac{1}{2}$IT8 | $\frac{1}{2}$IT8.5 | $\frac{1}{2}$IT9 | $\frac{1}{2}$IT9.5 |
| ~50 | | 8 | 10 | 12 | 15 | 19 | 24 | 31 | 39 |
| 50 | 80 | 9.5 | 12 | 15 | 18 | 23 | 29 | 37 | 47 |
| 80 | 120 | 11 | 14 | 17 | 21 | 27 | 34 | 43 | 55 |
| 120 | 180 | 12.5 | 16 | 20 | 25 | 31 | 39 | 50 | 62 |
| 180 | 250 | 14.5 | 18.5 | 23 | 29 | 36 | 45 | 57 | 72 |
| 250 | 315 | 16 | 20.5 | 26 | 32 | 40 | 52 | 65 | 82 |
| 315 | 400 | 18 | 22.5 | 28 | 35 | 44 | 55 | 70 | 90 |
| 400 | 500 | 20 | 25 | 31 | 39 | 48 | 32 | 77 | 97 |
| 500 | 630 | 22 | 27.5 | 35 | 44 | 55 | 70 | 87 | 110 |

续 表

| 箱体孔的中心距/mm | | 齿轮第Ⅱ公差组精度等级 | | | | | | | |
|---|---|---|---|---|---|---|---|---|---|
| | | 3~4级 | | 5~6级 | | 7~8级 | | 9~10级 | |
| | | 极限偏差±$F_a$ | | | | | | | |
| 630 | 800 | 25 | 31.5 | 40 | 50 | 62 | 80 | 100 | 127 |
| 800 | 1000 | 28 | 35.5 | 45 | 55 | 70 | 90 | 115 | 145 |
| 1000 | 1250 | 33 | 41.5 | 52 | 65 | 82 | 102 | 130 | 165 |
| 1250 | 1600 | 39 | 49.5 | 62 | 77 | 97 | 122 | 155 | 197 |
| 1600 | 2000 | 46 | 57.5 | 75 | 92 | 115 | 145 | 185 | 227 |
| 2000 | 2500 | 55 | 70 | 87 | 110 | 140 | 175 | 220 | 235 |

注：齿轮第Ⅱ公差组精度等级为5级和6级时，箱体孔距$F_a$值允许采用$\frac{1}{2}$IT8。齿轮第Ⅱ公差组精度等级为7级和8级时，箱体孔距$F_a$值允许采用$\frac{1}{2}$IT9。

表 1-3-5 箱体类零件形位公差的测量

| 测量结构 | 测量项目 | 测量工具及方法 | 公差等级 |
|---|---|---|---|
| 轴承孔 | 圆度或圆柱度 | 内径百分表或内径千分表 | IT6~IT7 |
| 轴承孔的轴线 | 位置度 | 坐标测量装置或专用测量装置 | IT6~IT7 |
| 同轴轴承孔的轴线 | 同轴度 | 千分表 | IT6~IT8 |
| 平行轴承孔的轴线 | 平行度 | 游标卡尺或量块、百分表 | IT6~IT7 |
| 垂直孔的轴线 | 垂直度 | 千分表与心轴 | IT6~IT7 |
| 轴承孔轴线与基准面 | 平行度 | 千分表与心轴 | IT6~IT7 |
| 轴承孔轴线与孔端面 | 垂直度 | 千分表与塞尺、心轴 | IT7~IT8 |

### 4.4 确定材料和热处理

箱体类零件的材料及热处理见表1-3-6。

表 1-3-6 箱体类零件材料及热处理

| 加工方法 | 材料 | 热处理 |
|---|---|---|
| 铸造 | 灰铸铁 HT200~400 | 时效 |
| 锻造 | | 退火或正火 |
| 焊接 | 钢 | |

### 4.5 确定其他技术要求

根据零件需要，制定技术要求，常见其他技术要求内容如下：
(1) 铸件不得有气孔、缩孔和裂纹等铸造缺陷。

(2) 未注铸造圆角、拔模斜度值等。
(3) 人工时效等热处理。
(4) 清砂、涂漆等表面处理。
(5) 无损检验等检验方法及要求。

### 任务实施

#### 第1步 了解和分析减速器箱体,确定表达方案

(1) 结构分析　减速器箱体由HT200铸造而成,属于箱体类零件,如图1-3-2所示。为了保证一对齿轮啮合与润滑,以及润滑油的散热,箱体内有足够空间的油池槽。为保证箱体与箱盖的联结刚度,上端联结部分有较厚的联结凸缘,上面有6个螺栓孔和2个销钉孔;下端底板有4个螺栓安装孔。箱体支承轴和轴承,保证齿轮传动,要有足够的刚度,因此在箱体外侧铸有肋板。为了减少加工面,箱体底部加工凹槽,螺栓孔加工有凹坑。为了观察齿轮浸油深度,箱体一侧开有视镜孔;为了排除污油,箱体另一侧开有排油孔,排油孔与螺塞用螺纹联结,保证密封性;为了减少加工面,视镜孔和排油孔都有凸缘结构。

减速器箱体

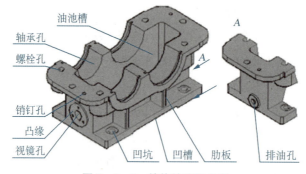

图1-3-2　箱体的结构分析

(2) 确定表达方案　具体如下:

① 确定主视图。因箱体内外结构都比较复杂,主视图采用多次局部剖视图表达螺栓孔、销钉孔、视镜孔、排油孔等内部结构。

② 选择其他视图。为了表达箱体凸缘的轮廓形状及螺栓孔、销钉孔的位置,增加俯视图。为了表达箱体油池槽深度及轴承座孔等内部结构,采用两个平行的剖切面,将箱体剖开作全剖的左视图。为了表达箱体左端凸缘结构及螺栓孔位置,增加局部视图等。

#### 第2步 绘制零件草图

**1. 徒手绘制草图**

参照任务1.1绘制零件草图的步骤,绘制箱体草图如图1-3-3所示。

**2. 测量、标注尺寸**

(1) 测量、标注定形尺寸　包括:

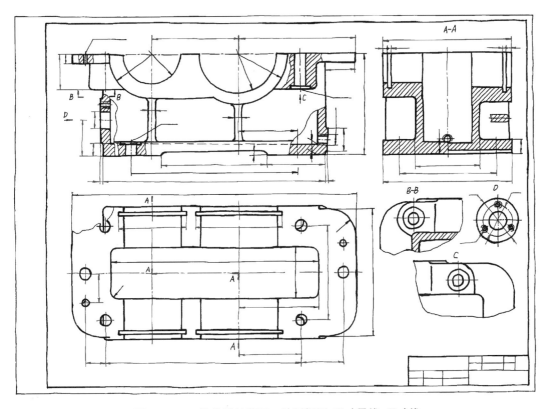

图 1-3-3 箱体零件草图—绘制视图、尺寸界线、尺寸线

箱体底部的底板:长 180,宽 104,高 11。
箱体顶部的凸缘:长 230,宽 104,高 7。
油池槽:长 168,宽 40,深(由箱体底部厚度 10、8 确定)。
轴承孔直径:小 $\phi 47$,大 $\phi 62$。
肋板厚度:6。
其他定形尺寸。
(2) 测量、标注定位尺寸　包括:
箱体孔中心距尺寸:70。
底板螺栓孔、销孔轴线定位尺寸:34、158、16、74、23。
视镜孔轴线高度定位尺寸:28。
排油螺纹孔轴线高度定位尺寸:12。
其他定位尺寸。
(3) 测量、标注总体尺寸　总长:230;总宽:104;总高:80。
④ 检查、调整。检查所有尺寸,进行修改、调整,箱体完整的标注尺寸如图 1-3-4 所示。

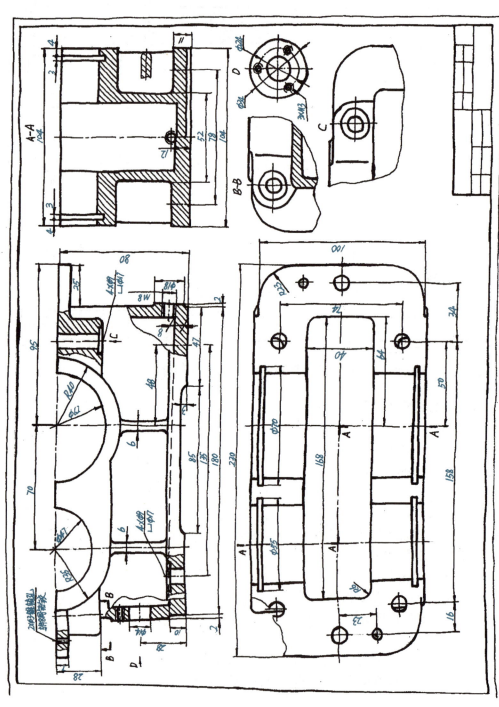

图 1-3-4 箱体零件草图—尺寸标注

## 3. 确定尺寸公差和几何公差

(1) 确定尺寸公差　在箱体零件图中，需要标注公差的尺寸并确定其公差值，如表 1-3-7 所示。

表 1-3-7　箱体尺寸公差的确定

| 项目 | 基本尺寸 | 参照表格 | 公差带代号 | 偏差数值 |
|---|---|---|---|---|
| 主动轴轴承孔直径 | $\phi 47$ | 表 1-3-3 | K7 | $^{+0.007}_{-0.018}$ |
| 从动轴轴承孔直径 | $\phi 62$ | 表 1-3-3 | K7 | $^{+0.009}_{-0.021}$ |
| 两轴支承孔中心距 | 70 | 表 1-3-4 | — | $\pm 0.023$ |
| 箱体底板底面与凸缘顶面距离 | 80 | 附表 6-2 | — | $\pm 0.3$ |

(2) 确定形位公差　在箱体零件图中，需要标注从动轴相对主动轴支承孔轴线的平行度公差，输出轴与端面的垂直度公差等级确定为 IT7 级，公差值查附表 5.3-3，选定为 $0.040 \mu m$。

## 4. 确定表面结构

参照表 1-3-2，确定减速箱各表面的表面结构轮廓算术平均偏差 $Ra$ 值，见表 1-3-8。

表 1-3-8　减速箱表面结构值　　　　　　　　　　　　　单位：$\mu m$

| 加工表面 | 减速器剖分面 | 减速器底面 | 轴承座孔面 | 轴承座孔外端面 | 螺栓孔座面 |
|---|---|---|---|---|---|
| $Ra$ | 3.2 | 6.3 | 1.6 | 6.3 | 12.5 |
| 加工表面 | 圆锥销孔面 | 视孔盖接触面 | 油塞孔座面 | 嵌入盖凸缘槽面 | 其他表面 |
| $Ra$ | 1.6 | 12.5 | 6.3 | 6.3 | >12.5 |

## 5. 确定材料及热处理

根据鉴定结果和减速箱的工作条件，参照表 1-3-6，选用 HT200，时效处理。

## 6. 填写标题栏

正确填写标题栏内零件名称、材料、数量、图号等内容，完成零件草图，如图 1-3-5 所示。

## 7. 校对

检查草图中视图的表达是否正确，尺寸标注是否正确、完整、清晰、合理，参数确定是否有误等，进行调整、修正。

## 第 3 步　绘制零件工作图

参照任务 1.1 的步骤绘制箱体零件工作图，如图 1-3-6 所示。

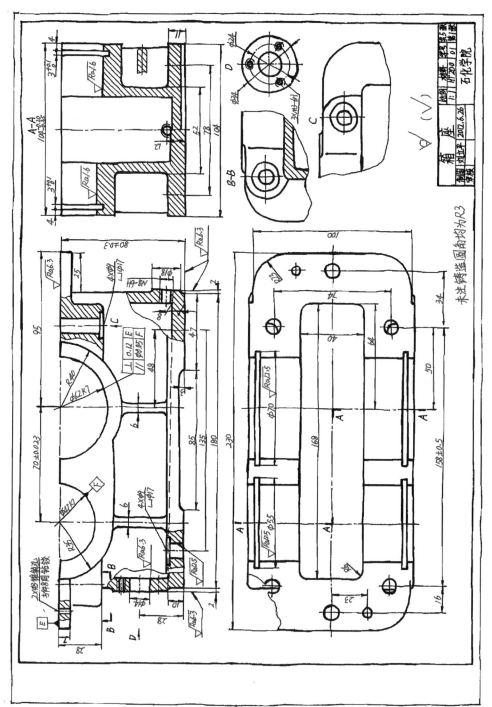

图 1-3-5 箱体的零件草图—技术要求的标注

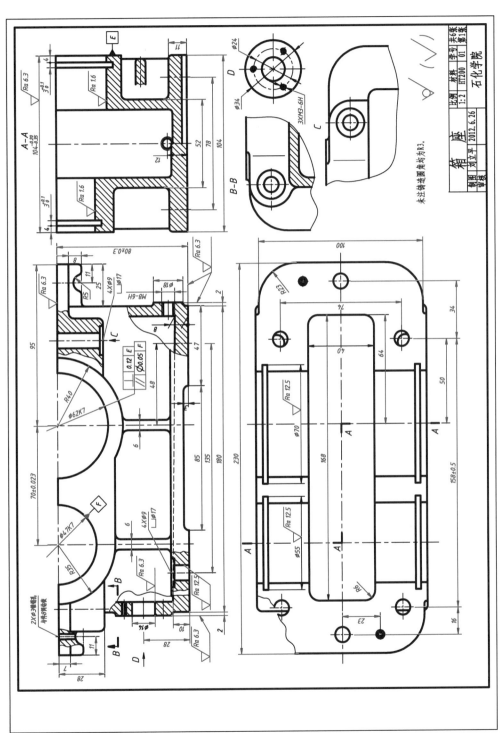

图 1-3-6 箱体的零件工作图

## 模仿练习

模仿一级齿轮减速器箱体的测绘方法,测绘齿轮油泵的泵体,如图 1-3-7 所示。

齿轮油泵泵体

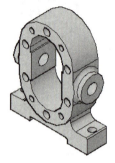

图 1-3-7 齿轮油泵的泵体

## 考核评价

| 减速箱测绘考核评价单 | | | |
|---|---|---|---|
| 评价项目 | 评价内容 | 分值 | 得分 |
| 零件草图 | 方案合理 | 60 | |
| | 结构表达完整,无重复、漏表达结构 | | |
| | 视图表达正确、完整 | | |
| | 测量方法正确 | | |
| | 尺寸标注正确、完整、清晰、合理 | | |
| | 尺寸公差标注正确 | | |
| | 形位公差标注正确 | | |
| | 表面结构标注正确 | | |
| | 标题栏格式、内容正确、技术要求注写正确 | | |
| 零件工作图 | 视图表达方案正确、合理 | 30 | |
| | 尺寸标注正确、完整、清晰、合理 | | |
| | 技术要求标注正确、合理 | | |
| | 标题栏注写正确 | | |
| | 线型、线宽绘制正确 | | |
| | 图面布置合理、干净整洁 | | |
| 小组互评 | 达到任务目标要求、与人沟通、团队协作 | 5 | |
| 考勤 | 是否缺勤 | 5 | |
| 综合评价 | | 100 | |

## 拓展训练

以小组协作的形式共同完成轴套类、盘盖类、箱体类各一个零件的测绘任务。

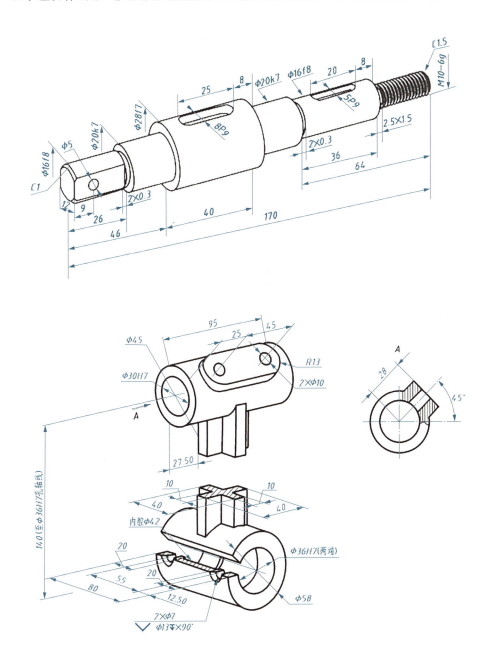

## 技能拔高

以个人的形式,独立完成轴套类、盘盖类、箱体类各一个零件的测绘任务。

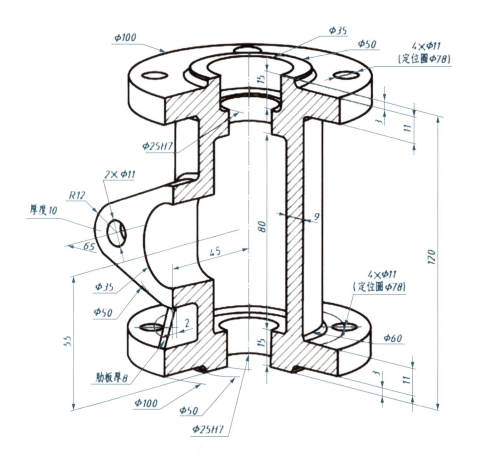

# 项目二　常见部件测绘

本项目通过4个任务认识学习部件测绘的方法。通过任务实施、模仿练习,学习测绘员、制图员的基本技能;能够正确拆装装配体,绘制装配示意图;经过测量、查阅标准,确定标准件的规格尺寸;对非标准件,能够绘制草图,测量并标注尺寸,确定技术要求等,最后绘制装配图。通过任务实施,养成贯彻执行标准的意识、工程意识、成本意识。"双手万能,知行合一。"实践没有止境,理论创新也没有止境,通过项目训练,开拓思路,提高解决问题的能力;通过拓展训练和技能拔高栏目,不断提高自己的测绘技能和思路。

项目二
├── 任务2.1　齿轮油泵测绘
│   ├── 了解齿轮油泵
│   │   ├── 齿轮油泵的工作原理
│   │   └── 分析齿轮油泵的结构
│   ├── 拆卸齿轮油泵,绘制装配示意图
│   ├── 绘制零件草图
│   │   ├── 零件分类
│   │   ├── 分析零件确定表达方案
│   │   ├── 徒手绘制零件草图
│   │   ├── 测量标注尺寸
│   │   ├── 确定技术要求
│   │   └── 检查、修改,填写标题栏
│   ├── 尺规绘制零件工作图
│   └── 绘制装配图
│       ├── 确定齿轮油泵装配图的表达方案
│       └── 绘制装配图
└── 任务2.2　齿轮减速器测绘
    ├── 了解齿轮减速器
    │   ├── 齿轮减速器的工作原理
    │   └── 分析齿轮减速器的结构
    ├── 拆卸齿轮减速器,绘制装配示意图
    ├── 绘制零件草图
    │   ├── 零件分类
    │   ├── 分析零件确定表达方案
    │   ├── 徒手绘制零件草图
    │   ├── 测量标注尺寸
    │   ├── 确定技术要求
    │   └── 检查、修改,填写标题栏
    ├── 尺规绘制零件工作图
    └── 绘制装配图
        ├── 确定齿轮减速器装配图的表达方案
        └── 绘制装配图

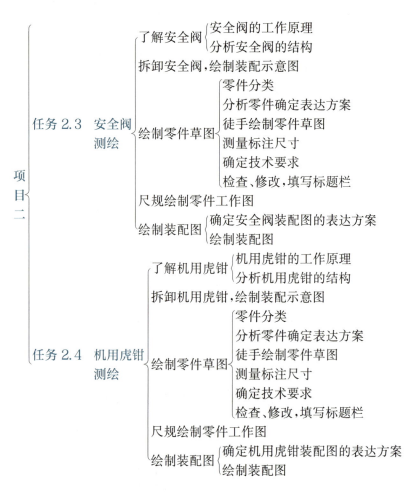

### 知识链接

部件的测绘就是根据现有的部件(或机器)进行测量、计算,先画出零件草图,再画出零件工作图和装配图的过程。

部件测绘可以按不同的顺序进行测绘,大致分以下几种:
(1) 零件草图→零件工作图→装配图。
(2) 装配草图→零件草图→零件工作图→装配图。
(3) 零件草图→装配图→零件工作图。
(4) 装配草图→零件工作图→装配图。

## 任务 2.1 ▶ 齿轮油泵测绘

### 工作任务

完成齿轮油泵测绘,具体要求见表 2-1-1 所示的工作任务单。

表 2-1-1 工作任务单

| 任务介绍 | 在教师的指导下,完成齿轮油泵测绘任务 |
|---|---|
| 任务要求 |  熟悉齿轮油泵的工作原理<br>正确拆装齿轮油泵<br>徒手绘制齿轮油泵装配示意图<br>徒手绘制非标准件零件草图<br>正确测量并标注尺寸<br>正确标注零件图的技术要求<br>尺规绘制零件图和装配图<br><br>图 2-1-1 齿轮油泵 |
| 测绘工具、设备 | 直尺、内外卡尺、游标卡尺、螺距规、半径规、内六方扳手每组一套<br>图板、丁字尺每人一套 |
| 学习目标 | 学会正确拆、装齿轮油泵<br>能够快速徒手绘制零件草图<br>能够正确测量并标注尺寸<br>养成严格遵守国家标准的习惯,具备运用和贯彻国家标准的能力<br>养成并具备发现问题、分析问题、解决问题的能力 |
| 学习重点 | 徒手绘制零件草图<br>尺规绘制零件图、装配图 |
| 学习难点 | 齿轮油泵装配图表达方案的确定<br>绘制齿轮油泵装配图 |
| 参考标准 | GB/T 4460—2013　机械制图　机构运动简图用图形符号<br>GB/T 2822—2005　标准尺寸<br>GB/T 1800—2020　产品几何技术规范(GPS)　线性尺寸公差 ISO 代号体系<br>GB/T 1801—2009　产品几何技术规范(GPS)　极限与配合　公差带和配合的选择<br>GB/T 1804—2000　一般公差　未注公差的线性和角度尺寸的公差<br>GB/T 1182—2018　产品几何技术规范(GPS)　几何公差　形状、方向、位置和跳动公差标注<br>GB/T 1184—1996　形状和位置公差　未注公差值 |

## 任务实施

### 第 1 步　了解齿轮油泵

测绘前,应对齿轮油泵进行全面的了解,通过观察、分析该部件的结构和工作情况,查阅有关齿轮油泵的说明书及相关资料,搞清楚其用途、性能、工作原理、结构特点、零件间的装配关系,以及拆装方法等。

#### 1. 齿轮油泵工作原理

齿轮油泵是用来输送润滑油或压力油的一种装置,主要由泵体和两个齿轮轴组成,如图

2-1-2 所示。工作时,通过齿轮的旋转,右边啮合的轮齿逐渐分开,使空腔体积逐渐扩大,压力降低,形成负压,机油被吸入,随着齿轮的传动,齿隙中的油被带到齿轮啮合区的左边,而左边的轮齿又重新啮合,空腔体积变小,使齿隙中不断挤出的机油成为高压油,并由出口压出,经管道输送到需要润滑的零部件。

齿轮机油泵

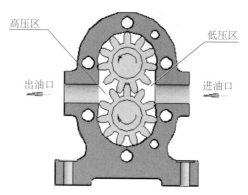

图 2-1-2 齿轮油泵工作原理

2. 分析齿轮油泵结构

在对齿轮油泵工作原理进行全面了解之后,要对该部件的结构特点进行分析,以便确定绘图表达方案。

如图 2-1-3 所示,齿轮油泵由泵体支承一对齿轮轴,为了保障油不外泄,泵体两侧有左、右端盖,端盖与泵体之间各有一垫片以防止漏油,用螺钉联结泵体与泵盖,销钉用于定位。主动齿轮轴由传动齿轮传递动力,之间配有密封零件:填料、轴套、压盖螺母。传动齿轮用键与主动齿轮轴联结,外侧由弹簧垫圈、螺母锁紧。

齿轮油泵拆装

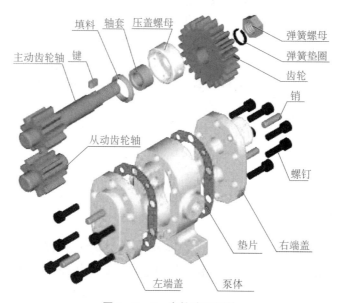

图 2-1-3 齿轮油泵零件

### 第 2 步　拆卸齿轮油泵,绘制装配示意图

#### 1. 拆卸齿轮油泵

(1) 拆卸工具　拆卸用到的工具有活动扳手、内六方扳手、木锤、起子、冲子等。

(2) 拆卸方法和顺序　齿轮油泵的拆卸顺序如下:

螺母→弹簧垫圈→传动齿轮→键→压盖螺母→轴套→填料→螺钉→右端盖→垫片→齿轮轴→螺钉→左端盖→垫片。

> **重点提示**
>
> ① 在拆卸零件时,要把拆卸顺序弄清楚,并选用适当的工具。注意,不要将小零件如销、键、垫片等丢失。
>
> ② 在拆去端盖之后,定位销钉会留在泵体上,可用销钳或尖嘴钳将其拔出或留在泵体上。

#### 2. 绘制装配示意图

为了使齿轮油泵被拆后仍能顺利装配复原,在拆卸过程中应尽量做好记录。最简便常用的方法是绘制出装配示意图,用以记录各种零件的名称、数量及其在装配体中的相对位置,以及装配联结关系。同时,也为绘制正式的装配图作好准备。用单线条形象地表示齿轮油泵各零件的结构形状和装配关系,较小的零件用单线或符号来表示。在装配示意图上,将所有零部件用引线的方式注写文字,并注明零件的序号和数量,标准零部件还要写出其规格尺寸及标准编号,齿轮油泵装配示意图如图 2-1-4 所示。

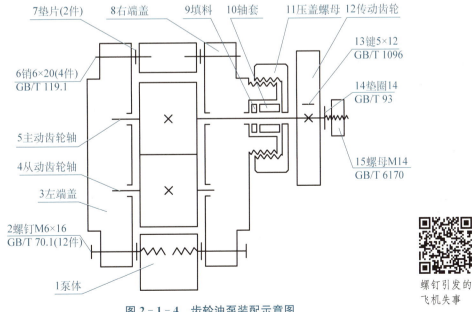

图 2-1-4　齿轮油泵装配示意图

螺钉引发的飞机失事

## 第3步  绘制零件草图

### 1. 零件分类

通过部件分析,找出标准件和非标准件。虽不画标准件零件草图,但要测出其规格尺寸,并根据其结构和外形,从有关标准中查出它的标准代号,把名称、代号、规格尺寸等填入装配图的明细栏中。

该齿轮油泵零件分类如下:

(1) 标准件  包括螺钉、销、螺母、垫圈、键,齿轮油泵标准件表格,见表2-1-2。

表2-1-2  齿轮油泵标准件

| 序号 | 名称 | 规格 | 数量 | 材料 | 标准号 |
| --- | --- | --- | --- | --- | --- |
| 2 | 螺钉 | M6×16 | 12 | 45 | GB/T 70.1—2008 |
| 6 | 销 | 6×20 | 4 | 20 | GB/T 119.1—2000 |
| 15 | 螺母 | M14 | 1 | 45 | GB/T 6170—2015 |
| 14 | 垫圈 | 14 | 1 | 65Mn | GB/T 93—1987 |
| 13 | 键 | $b=5, h=5, L=12$ | 1 | 45 | GB/T 1096—2003 |

(2) 非标准件  有以下几类:

轴套类零件:主动齿轮轴、从动齿轮轴、轴套、压盖螺母。

盘盖类零件:左端盖、右端盖、齿轮、垫片。

箱体类零件:泵体。

绘制所有非标准零件的草图。

### 2. 分析零件,确定表达方案

(1) 了解分析测绘零件  首先了解零件的名称、材料及其在齿轮油泵中的位置和作用,然后对零件的结构、制造方法进行分析。

以左端盖为例讲述分析过程:如图2-1-5所示,左端盖由HT200铸造而成,属于盘盖类零件。为了支承一对齿轮轴,左端盖上有两个圆柱盲孔;为了与泵体联结,有凸缘结构,其上有6个沉孔用螺钉与泵体联结,两个通孔用销钉定位;还有典型的铸造圆角。

齿轮油泵左端盖

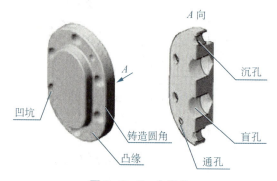

图2-1-5  左端盖

(2) 确定零件的表达方案　左端盖用主、左视图表达,轴孔平放,以作为主视图的投射方向,并采用全剖视图以表达内部结构;取左视图以表达外部轮廓形状。

### 3. 徒手绘制零件草图
(1) 确定绘图比例　根据零件大小、视图数量、现有图纸大小,确定适当的比例。
(2) 绘制图框和标题栏
(3) 绘制基准线布置视图
(4) 徒手画零件草图
(5) 绘制尺寸界线、尺寸线、箭头

完成左端盖零件草图,如图 2-1-6 所示。

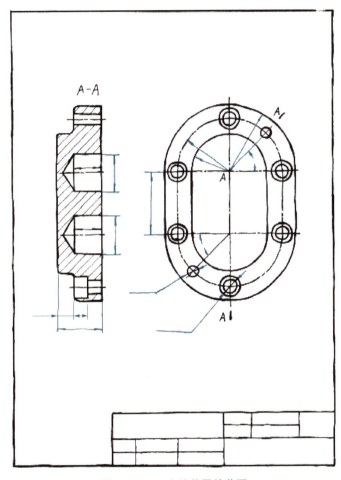

图 2-1-6　左端盖零件草图

### 4. 测量、标注尺寸
参照项目一测量所有零件的尺寸,并标注在零件草图中。左端盖零件草图尺寸标注,如图 2-1-7 所示。

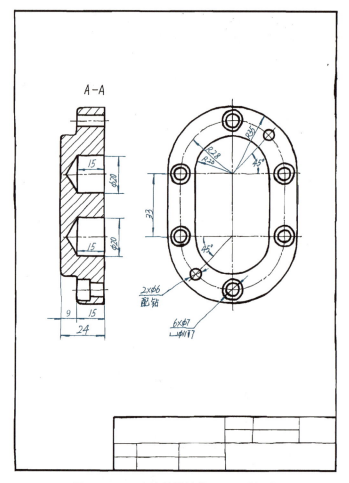

图 2-1-7 左端盖零件草图—尺寸标注

> **重点提示**
>
> ① 测量尺寸时,应正确选择测量基准,以减小测量误差。零件上磨损部位的尺寸,应参考其配合零件的相关尺寸,或参考有关的技术资料予以确定。
>
> ② 零件间有联结关系或配合关系的部分,它们的基本尺寸应相同。测绘时,只需测出其中一个零件的有关基本尺寸,即可分别标注在两个零件的对应部分上,以确保尺寸的协调。
>
> ③ 零件上标准化结构,如倒角、圆角、退刀槽、螺纹、键槽、沉孔、销孔等,测量后应查相关手册,选取标准尺寸。其尺寸在图中可以采用简化标注(旁注法),也可采用普通注法进行标注。

5. 技术要求的确定

参照项目一查阅有关资料,采用类比法确定表面结构,以及尺寸公差、形位公差、材料及热处理等要求,标注如图 2-1-8 所示。

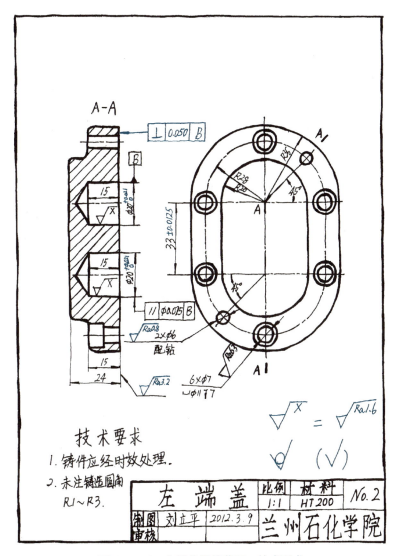

图 2-1-8 左端盖零件草图—技术要求

### 重点提示

零件的各项技术要求(包括尺寸公差、形状和位置公差、表面结构、材料、热处理及硬度要求等),应根据零件在装配体中的位置、作用等因素来确定。也可参考同类产品的图纸,用类比的方法来确定。

6. 检查、修改,填写标题栏

再一次全面检查图纸,确认无误后,填写标题栏,完成全图。

### 模仿练习

通过教师讲解,模仿左端盖零件草图绘制的方法,绘制右端盖、泵体、主动齿轮轴、从动齿轮轴、填料、填料压盖、压盖螺母、传动齿轮等零件的草图。

### 第4步　尺规绘制零件工作图

参照任务1.1完成零件工作图的绘制，左端盖零件工作图如图2-1-9所示。

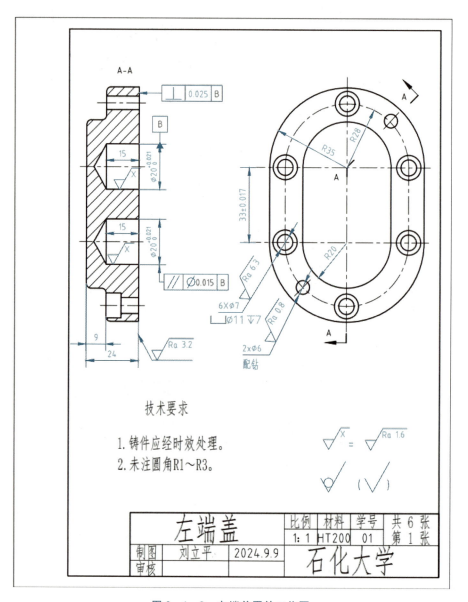

图2-1-9　左端盖零件工作图

### 模仿练习

通过教师讲解，模仿左端盖绘图方法，利用尺规绘制右端盖、泵体、主动齿轮轴、从动齿轮轴、填料、轴套、压盖螺母、传动齿轮等零件图。泵体零件图如图2-1-10所示。

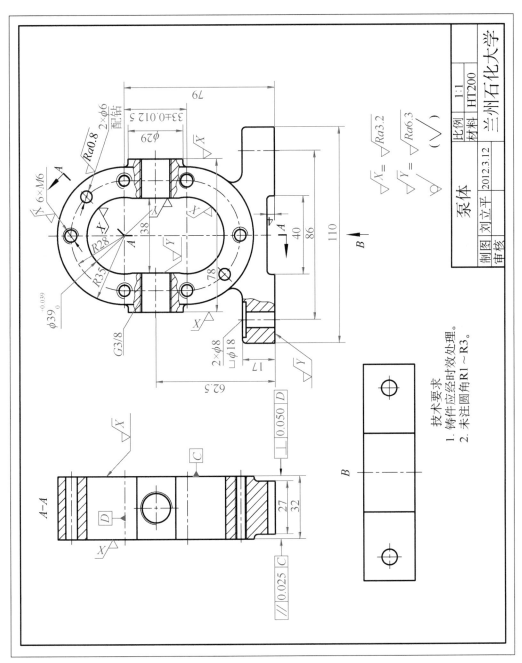

图 2-1-10 泵体零件图

#### 第 5 步  绘制装配图

根据装配示意图和零件图绘制齿轮油泵装配图。步骤如下:

1. 确定齿轮油泵装配图的表达方案

齿轮油泵按其工作位置放置,主视图的投射方向垂直齿轮轴的轴线,用两个相交的剖切面通过螺钉、销的轴线剖开,绘制全剖视图,反映齿轮油泵的主要装配关系。左视图沿着泵体左端面剖开,绘制半剖视图,既反映了齿轮油泵的工作原理,又表达了端盖和泵体的外形,连接螺钉、定位销的位置。在左视图上绘制局部剖表达进油口的螺纹结构和泵体下部安装孔的位置。绘制局部的仰视图,表达泵体底座的外形及安装孔的位置及形状。

2. 绘制装配图

(1) 确定图纸幅面与绘图比例  按照确定的表达方案,根据齿轮油泵的总体尺寸及复杂程度确定绘图比例为 1∶1;考虑视图个数、标题栏、明细栏、尺寸标注、序号、技术要求等内容,选择 A3 图幅。

(2) 绘制图框、标题栏和明细栏。

(3) 布置视图,画基准线  按视图数量及大小合理布置各视图的位置,绘制各视图的对称中心线、主要轴线、视图的定位基准线,如图 2-1-11 所示。

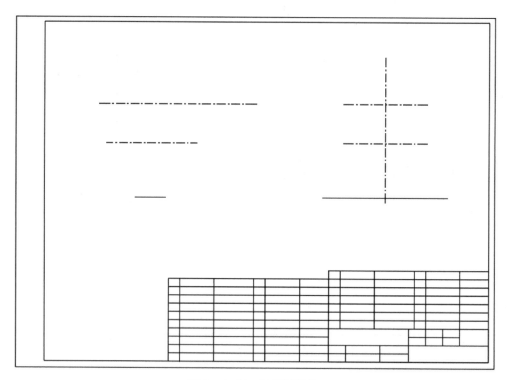

图 2-1-11  绘制基准线

(4) 绘制底稿　由主视图出发,配合其他视图,按装配干线,从齿轮轴开始由里向外逐个绘制泵体、垫片、左端盖、右端盖、密封圈、轴套、压盖螺母、键、传动齿轮、垫圈、螺母等,如图 2-1-12 所示。或者从泵体、泵盖开始,由外向里逐个绘制,完成装配图底稿。

(5) 标注尺寸　标注性能尺寸、装配尺寸、安装尺寸、外形尺寸和其他重要尺寸,如图 2-1-13 所示。

(6) 标注零部件序号　从主视图左下角开始顺时针顺序编写零部件序号,如图 2-1-14 所示。

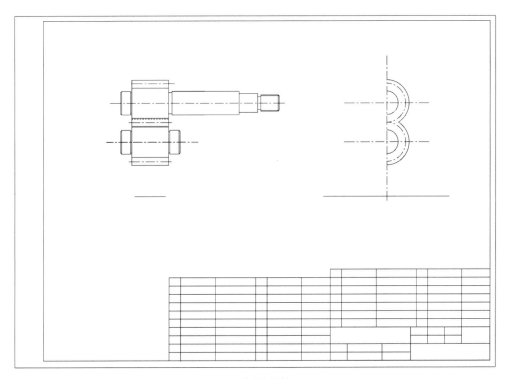

(a) 绘制齿轮轴

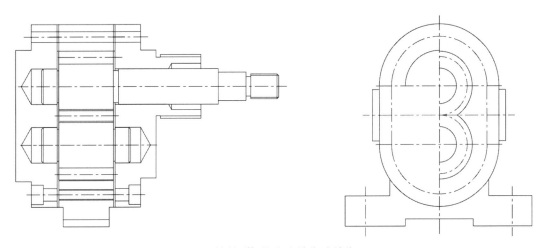

(b) 绘制泵体、垫片、左端盖、右端盖

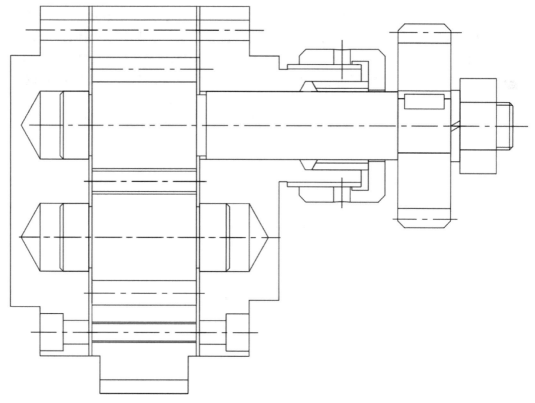

(c) 绘制密封圈、轴套、压盖螺母、键、传动齿轮等

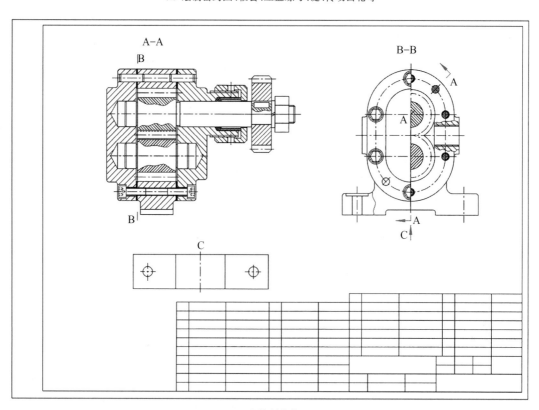

(d) 绘制其他

图 2-1-12　绘制底稿

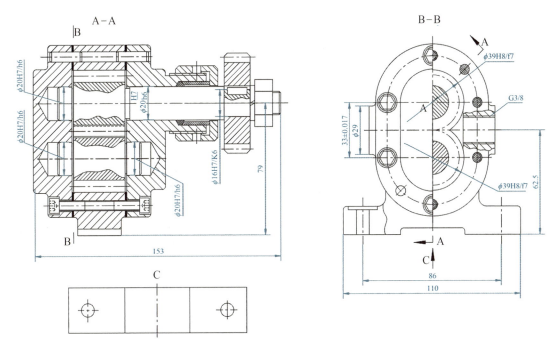

图 2-1-13 标注尺寸

**注意** 序号的字号比尺寸数字字号大一号或者两号。

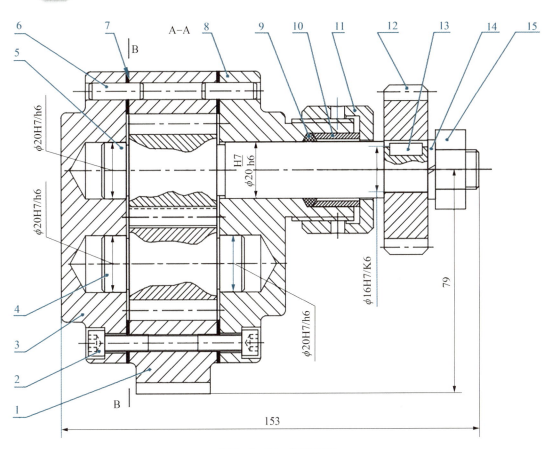

图 2-1-14 标注序号

（7）填写标题栏、明细栏和技术要求。

（8）检查、加深，完成装配图 如图2-1-15所示。

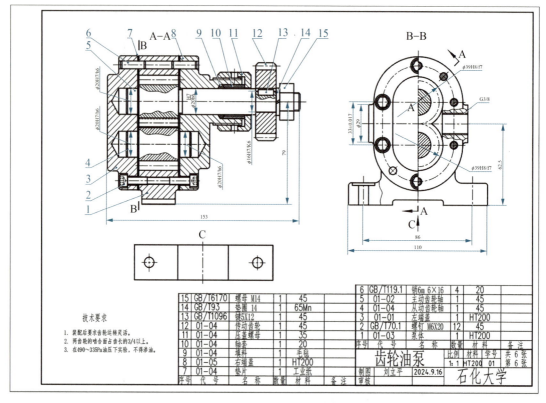

图2-1-15 齿轮油泵装配图

### 重点提示

① 某视图已确定要剖开绘制时，应先画被剖切到的内部结构，即由内逐层向外画。这样其他零件被遮住的外形就可以省略不画。

② 装配图中各零件的剖面线是看图时区分不同零件的重要依据之一，必须按有关规定绘制。剖面线的密度可按零件的大小来决定，不宜太稀或太密。

## 任务 2.2 ▶ 齿轮减速器测绘

### 工作任务

完成减速器测绘，具体要求见表2-2-1所示的工作任务单。

表 2-2-1　工作任务单

| 任务介绍 | 在教师的指导下，完成齿轮减速器测绘任务 |
|---|---|
| 任务要求 |  熟悉齿轮减速器的工作原理<br>正确拆装齿轮减速器<br>徒手绘制齿轮减速器装配示意图<br>徒手绘制非标准件零件草图<br>正确测量并标注尺寸<br>正确标注零件图的技术要求<br>尺规绘制零件图和装配图<br>注：可以采用小组协作完成本任务<br>图 2-2-1　齿轮减速器 |
| 测绘工具、设备 | 直尺、内外卡尺、游标卡尺、螺距规、半径规、活动扳手、螺丝刀每组一套<br>图板、丁字尺、计算机每人一套 |
| 学习目标 | 学会正确拆装齿轮减速器<br>能够快速徒手绘制零件草图<br>能够正确测量并标注尺寸<br>养成严格遵守国家标准的习惯，具备运用和贯彻国家标准的能力<br>培养发现问题、分析问题、解决问题的能力 |
| 学习重点 | 徒手绘制零件草图<br>尺规绘制零件图、装配图 |
| 学习难点 | 齿轮减速器装配图表达方案的确定<br>绘制齿轮减速器装配图 |
| 参考标准 | GB/T 4460—2013　机械制图　机构运动简图用图形符号<br>GB/T 2822—2005　标准尺寸<br>GB/T 1800—2020　产品几何技术规范（GPS）　线性尺寸公差 ISO 代号体系<br>GB/T 1801—2009　产品几何技术规范（GPS）　极限与配合　公差带和配合的选择<br>GB/T 1804—2000　一般公差　未注公差的线性和角度尺寸的公差<br>GB/T 1182—2018　产品几何技术规范（GPS）　几何公差　形状、方向、位置和跳动公差标注<br>GB/T 1184—1996　形状和位置公差　未注公差值 |

## 任务实施

### 第 1 步　了解齿轮减速器

测绘前，应对齿轮减速器进行全面的了解，通过观察、分析该部件的结构和工作情况，查阅有关减速器的说明书及相关资料，搞清楚其用途、性能、工作原理、结构特点、零件间的装配关系，以及拆装方法等。

#### 1. 齿轮减速器工作原理

减速器是装在原动机与工作机之间独立的闭式传动装置，是通过一对齿数不同的齿轮啮合传递转矩,进而实现减速的部件,如图 2-2-2 所示。工作时,动力从主动齿轮轴输入,通过一对啮合的齿轮传动,传递到从动轴上,由从动齿轮轴输出,从而带动工作机械传动。由于从动齿轮的齿数比主动齿轮的齿数多,因此降低转速,提高扭矩。

减速器

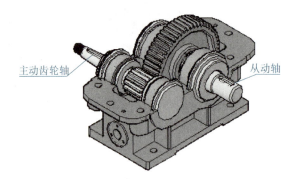

图 2-2-2 齿轮减速器工作原理

## 2. 分析齿轮减速器结构

了解减速器工作原理之后,要对减速器的结构特点进行分析,以便确定绘图表达方案。

减速器主要由箱体、主动轴系、从动轴系、通气注油结构、观油结构、排污结构组成,其零件如图 2-2-3 所示。

齿轮减速器拆装

大国工匠事迹

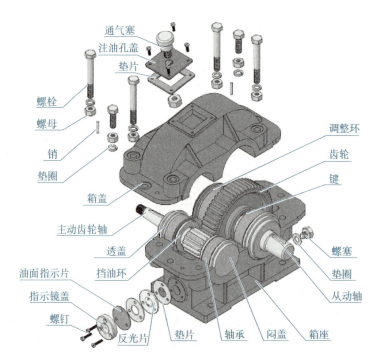

图 2-2-3 齿轮减速器零件

箱体采用剖分式,分成箱座和箱盖。

主动轴加工成齿轮轴,为了支承和固定轴,轴上装有一对单列向心球轴承,轴承利用轴肩为支点顶住内圈,透盖、调整环压住外圈,防止轴向移动,同时利用调整环来调整端盖与外座圈之间的间隙,以便箱体内温度变化时轴发生伸缩现象。从动轴系结构与此类似。

为排出减速箱工作时因油温升高而产生的油蒸气,在箱体上方装有通气塞,以保持箱体内、外气压平衡,否则箱内压力增高会使密封失效,造成漏油现象。打开通气结构的盖子,可以观察齿轮啮合情况,也可以由此孔注油。

为观察油面高度,在箱体合适的位置有观察液面结构。为了排出污油,在箱体下方有排污孔,打开螺塞即可放出污油。

### 第 2 步　拆卸齿轮减速器,绘制装配示意图

#### 1. 拆卸齿轮减速器

（1）拆卸工具　拆卸用到的工具有活动扳手、一字头螺丝刀、木锤、起子、冲子等。
（2）拆卸方法和顺序　减速器的装拆顺序如下:
① 箱体结构:螺母→垫圈→螺栓→箱盖→轴系零部件。
② 主动轴系:透盖(闷盖)→调整环→轴承→挡油环(对称拆)。
③ 从动轴系:透盖(闷盖)→轴承→套筒→齿轮→键(对称拆)。
④ 通气结构:螺母→通气塞→螺钉→盖→垫片。
⑤ 观油结构:螺钉→油面指示片→垫片→反光片→垫片。
⑥ 排污结构:螺塞→垫圈。

#### 2. 绘制装配示意图

减速器比较复杂,零件较多,需绘制装配示意图。在绘制装配示意图时,将箱座、箱盖看作透明的零件,用单线条画出大致的轮廓。对于轴承、齿轮等零件,采用 GB/T 4460 中规定的简图符号绘制。在装配示意图上,将所有零部件用引线和文字明确标注,并注明零件的序号和数量,标准零部件还要写出其规格尺寸及标准编号,如图 2-2-4 所示。

### 第 3 步　绘制零件草图

#### 1. 零件分类

通过对部件进行分析,找出标准件和非标准件,并对零件进行分类。该减速器零件分类如下:
（1）标准件　包括螺栓、螺母、垫圈、螺钉、销、键、轴承,标准件表格见表 2-2-2。
（2）非标准件　有以下几类。
轴套类零件:轴、齿轮轴、套筒。
盘盖类零件:透盖、闷盖、挡油环、调整环、垫片、盖等。
箱体类零件:箱座、箱盖。
绘制所有非标准件的零件草图。

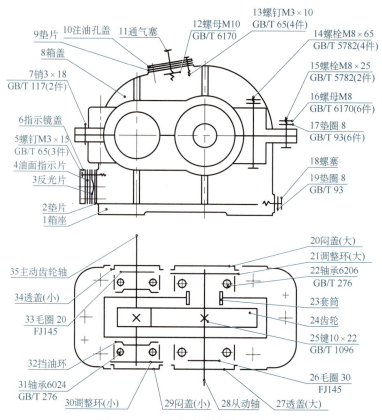

图 2-2-4 齿轮减速器装配示意图

表 2-2-2 齿轮减速器标准件表

| 序号 | 名称 | 规格 | 数量 | 材料 | 标准号 |
|---|---|---|---|---|---|
| 5 | 螺钉 | M3×15 | 3 | 45 | GB/T 65—2000 |
| 7 | 销 | 3×18 | 2 | 20 | GB/T 117—2000 |
| 12 | 螺母 | M10 | 1 | 45 | GB/T 6170—2000 |
| 13 | 螺钉 | M3×10 | 4 | 45 | GB/T 65—2000 |
| 14 | 螺栓 | M8×65 | 4 | 45 | GB/T 5782—2016 |
| 15 | 螺栓 | M8×25 | 2 | 45 | GB/T 5782—2016 |
| 17 | 垫圈 | 8 | 6 | 65Mn | GB/T 93—1987 |
| 16 | 螺母 | M8 | 6 | 45 | GB/T 6170—2000 |
| 19 | 垫圈 | 8 | 1 | 65Mn | GB/T 97.1—2002 |
| 25 | 键 | $b=10, h=8, L=22$ | 1 | 45 | GB/T 1096—2003 |
| 31 | 轴承 | 6204 | 2 | | GB/T 276—2013 |
| 22 | 轴承 | 6206 | 2 | | GB/T 276—2013 |

## 2. 分析零件,确定表达方案

(1) 了解分析测绘零件　以箱盖为例讲述分析过程:箱盖由 HT200 铸造而成,属于箱体类零件。为了保证一对齿轮的啮合和润滑,以及润滑油的散热,箱座内有足够空间的油池槽。为保证箱座与箱盖的联结刚度,箱盖下端联结部分有较厚的联结凸缘,上面有两个沉孔用于螺栓联结,两个圆锥孔用于销钉联结;较大凸台上有 4 个沉孔用于螺栓联结。为保证齿轮传动,箱座支承轴和轴承要有足够的刚度,因此在箱盖外侧铸有肋板。为了减少加工面,螺栓孔都加工有凹坑。为了观察齿轮啮合情况,在箱盖顶部开孔,也可以由此把油注入箱体,如图 2-2-5 所示。

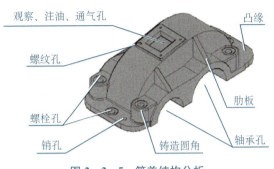

图 2-2-5　箱盖结构分析

(2) 确定零件的表达方案

① 确定主视图。因箱盖内外结构都比较复杂,主视图采用多次局部剖视图表达螺栓孔、销钉孔、注油孔等内部结构。

② 选择其他视图。为了表达箱盖凸缘的轮廓形状及螺栓孔、销钉孔的位置,增加俯视图。为了表达轴承座孔等内部结构,采用两个平行的剖切面,将箱盖剖开作全剖的左视图。为了表达箱盖顶端凸缘及螺纹孔位置,增加局部视图等。

## 3. 徒手绘制零件草图

① 确定绘图比例。
② 绘制图框和标题栏。
③ 绘制基准线布置视图。
④ 徒手画零件草图。
⑤ 绘制尺寸界线、尺寸线、箭头。

完成箱盖零件草图,如图 2-2-6 所示。

减速器箱盖

### 模仿练习

模仿箱盖绘图方法,徒手绘制透盖等其他非标准件零件草图。

## 4. 测量、标注尺寸

参照项目一测量所有零件的尺寸,并标注在零件草图中。箱盖零件草图尺寸的标注如图 2-2-7 所示。

### 模仿练习

通过教师讲解,模仿箱盖测量方法,测量并标注透盖等其他非标准件零件图的尺寸。

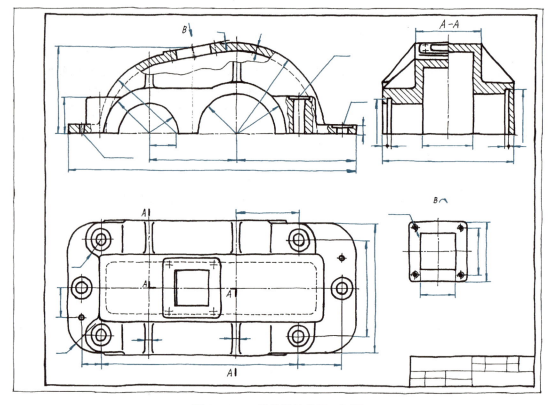

图 2-2-6 箱盖零件草图—视图

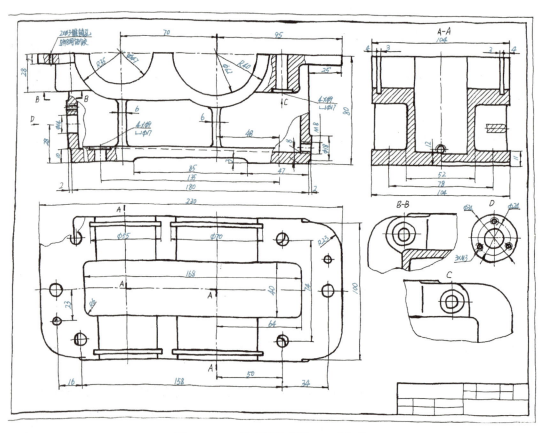

图 2-2-7 箱座零件草图—尺寸标注

#### 5. 技术要求的确定

参照项目一查阅有关资料,应用类比法确定表面粗糙度,以及尺寸公差、形位公差、材料及热处理等要求,标注如图 2-2-8 所示。

> **模仿练习**

通过教师讲解,模仿箱盖技术要求确定的方法,确定其他非标准件零件图的技术要求。

#### 6. 检查、修改、填写标题栏

再一次全面检查图纸,确认无误后,填写标题栏,完成全图,图 2-2-8 所示为箱盖零件草图。

### 第 4 步 尺规绘制零件工作图

参照任务 1.1 完成零件工作图的绘制,箱盖零件工作图如图 2-2-9 所示。

> **模仿练习**

通过教师讲解,模仿箱盖绘图方法,利用尺规绘制透盖等零件的工作图。

### 第 5 步 绘制装配图

根据装配示意图和零件图绘制齿轮减速器装配图。步骤如下:

#### 1. 确定齿轮减速器装配图的表达方案

齿轮减速器按其工作位置放置,主视图的投射方向平行齿轮轴的轴线,视图主要表达箱盖、箱座的外形轮廓以及一对齿轮啮合的工作情况;多个局部剖分别表达观油结构、通气结构、排污结构、螺栓连接、销连接的情况。

俯视图采用沿结合面(箱座与箱盖结合面)剖切的画法,绘制全剖视图,集中表达齿轮减速器的工作原理,既反映了齿轮减速器的一对齿轮啮合的工作情况,又表达了主动轴、从动轴两条装配线上所有零件之间装配连接关系,同时表达了箱体与箱盖之间连接螺钉、定位销的位置及数量。

左视图主要表达齿轮减速器外部形状,局部剖表达轴外伸部分的键槽结构以及箱座底板安装孔的情况。

#### 2. 绘制装配图

(1) 确定图纸幅面与绘图比例 按照确定的表达方案,根据齿轮减速器的总体尺寸及复杂程度确定绘图比例为 1∶1;考虑视图个数、标题栏、明细栏、尺寸标注、序号、技术要求等内容,选择 A1 图幅。

(2) 绘制图框、标题栏和明细栏。

(3) 布置视图,画基准线 按视图数量及大小合理布置各视图的位置,绘制各视图的对称中心线、主要轴线、视图的定位基准线,如图 2-2-10 所示。

(4) 绘制底稿 可以从俯视图出发,先画一对啮合的齿轮(齿轮对称面与箱体对称面重合)。以此为基准,按照各个零件的尺寸,前后对称地画出各个零件,应使前后两个端盖正好

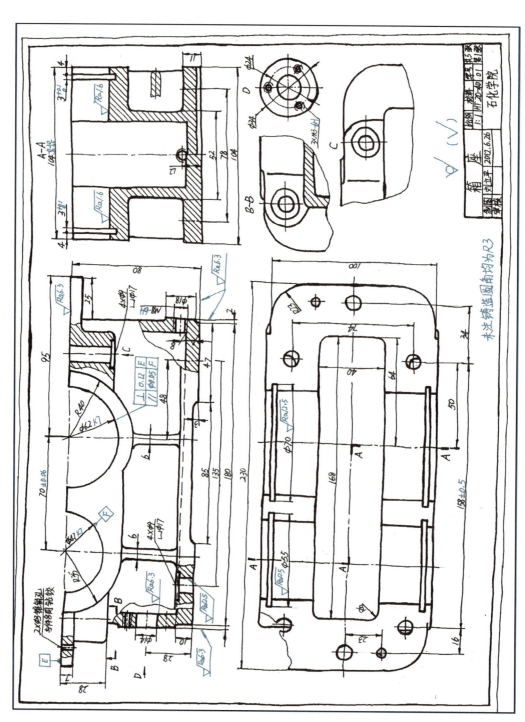

图 2-2-8 箱盖零件草图—技术要求

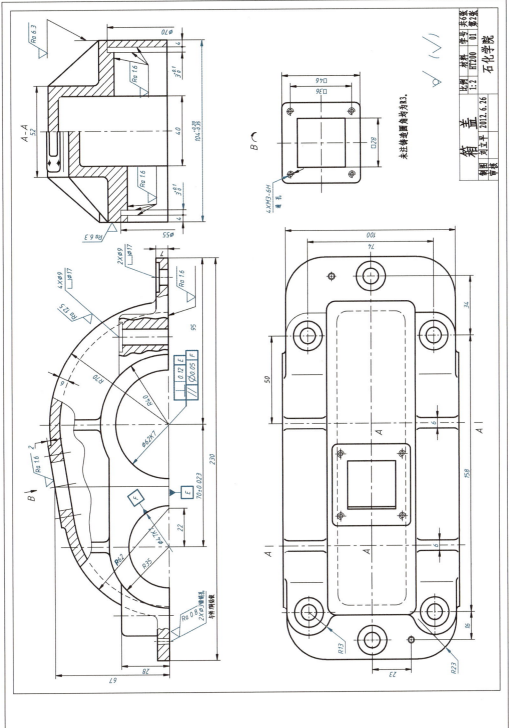

图 2-2-9 箱盖零件图

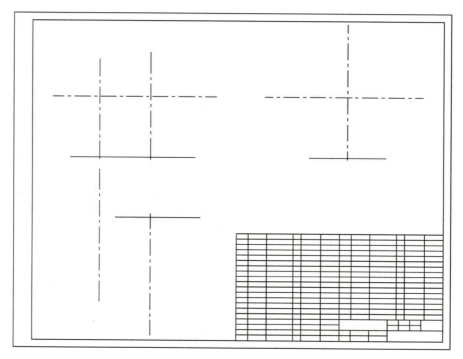

图 2-2-10 绘制基准线

嵌入箱座上厚度为 3±0.1 的槽内。然后绘制主视图、左视图的外形视图。最后绘制主视图、左视图的局部剖视图,如图 2-2-11 所示。这样思路明、概念清、投影准、速度快。

(5) 标注尺寸  标注性能尺寸、装配尺寸、安装尺寸、外形尺寸和其他重要尺寸,如图 2-2-12 所示。

(6) 标注零部件序号  从主视图左下角开始顺时针顺序编写零部件序号,如图 2-2-13 所示。

(7) 填写标题栏、明细栏和技术要求。

(8) 检查、加深,完成装配图  如图 2-2-14 所示。

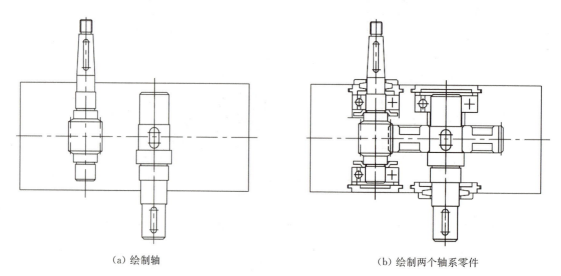

(a) 绘制轴

(b) 绘制两个轴系零件

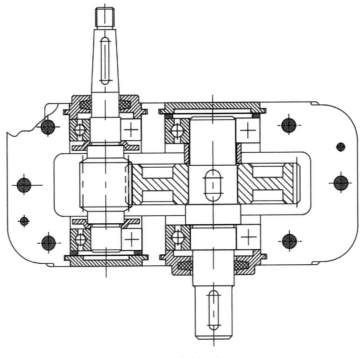

(c) 完成俯视图

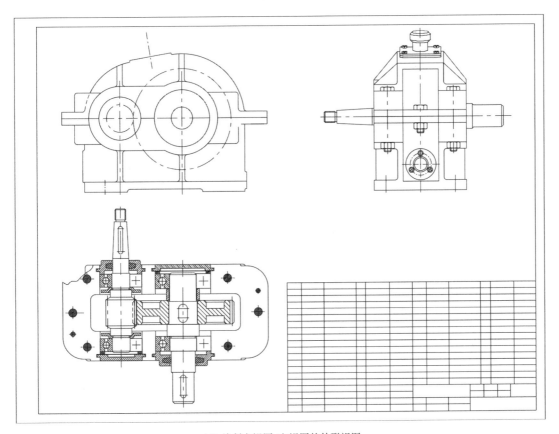

(d) 绘制主视图、左视图的外形视图

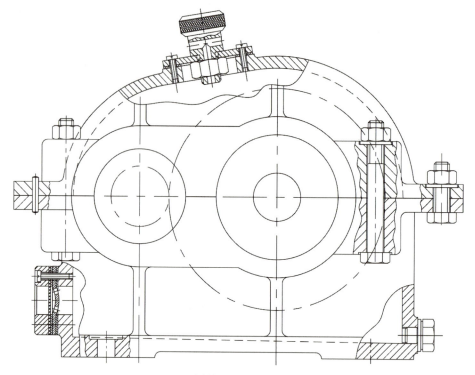

(e)绘制主视图的局部剖视图

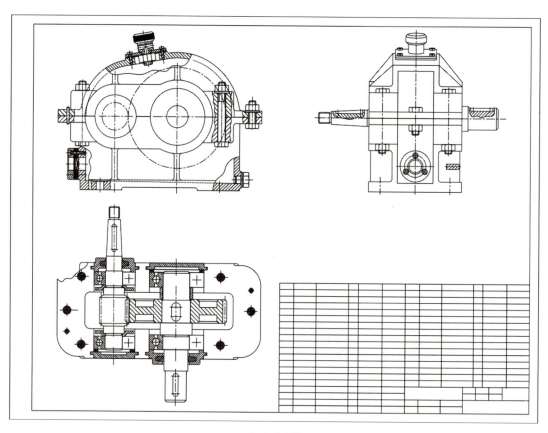

(f)完成底稿

图 2-2-11 绘制基底稿

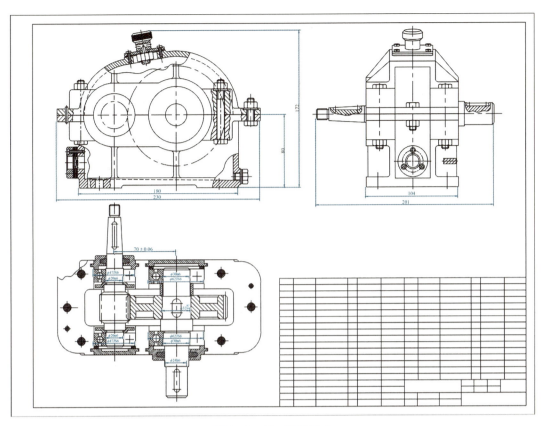

图 2-2-12 标注尺寸

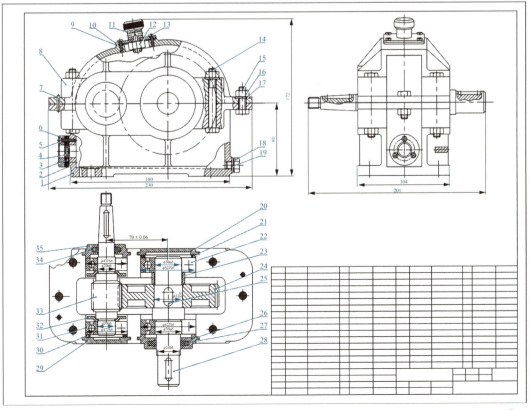

图 2-2-13 标注序号

图 2-2-14 减速器装配图

## 任务 2.3 ▶ 安全阀测绘

### 工作任务

完成安全阀测绘,具体要求见表 2-3-1 所示的工作任务单。

表 2-3-1  工作任务单

| 任务介绍 | 在教师的指导下,完成安全阀测绘任务 |
|---|---|
| 任务要求 |  熟悉安全阀的工作原理<br>正确拆装安全阀<br>徒手绘制安全阀装配示意图<br>徒手绘制非标准件零件草图<br>正确测量并标注尺寸<br>正确标注零件图的技术要求<br>尺规绘制零件图和装配图<br><br>图 2-3-1  安全阀 |
| 测绘工具、设备 | 直尺、内外卡尺、游标卡尺、螺距规、半径规、活动扳手、螺丝刀每组一套<br>图板、丁字尺、计算机每人一套 |
| 学习目标 | 学会正确拆装安全阀<br>能够快速徒手绘制零件草图<br>能够正确测量并标注尺寸<br>能够正确绘制安全阀零件图和装配图<br>养成严格遵守国家标准的习惯,具备运用和贯彻国家标准的能力<br>培养发现问题、分析问题、解决问题的能力 |
| 学习重点 | 徒手绘制零件草图<br>尺规绘制零件图、装配图 |
| 学习难点 | 安全阀装配图表达方案的确定<br>绘制安全阀装配图 |
| 参考标准 | GB/T 4460—2013  机械制图  机构运动简图用图形符号<br>GB/T 2822—2005  标准尺寸<br>GB/T 1800—2020  产品几何技术规范(GPS)  线性尺寸公差 ISO 代号体系<br>GB/T 1801—2009  产品几何技术规范(GPS)  极限与配合  公差带和配合的选择<br>GB/T 1804—2000  一般公差  未注公差的线性和角度尺寸的公差<br>GB/T 1182—2018  产品几何技术规范(GPS)  几何公差  形状、方向、位置和跳动公差标注<br>GB/T 1184—1996  形状和位置公差  未注公差值 |

## 四 任务实施

### 第1步 了解安全阀

测绘前,应全面了解安全阀,通过观察、分析该部件的结构和工作情况,查阅有关安全阀的说明书及相关资料,搞清楚其用途、性能、工作原理、结构特点、零件间的装配关系,以及拆装方法等。

1. 安全阀工作原理

安全阀是装在柴油发动机供油管路中的一个部件,以使剩余的柴油回到油箱中。如图2-3-2所示,在正常工作时,柴油从阀体右端孔流入,从下端孔流出。当主油路获得过量的油,并超过允许的压力时,阀门抬起,过量油就从阀体和阀门开启后的缝隙中流出,从左端管道流回油箱。

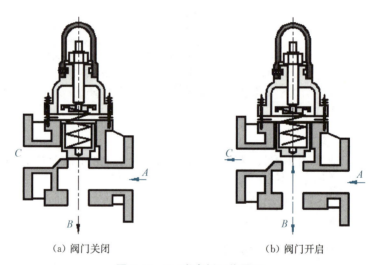

(a) 阀门关闭　　　　　(b) 阀门开启

图2-3-2　安全阀工作原理

2. 分析安全阀结构

在对安全阀工作原理进行全面了解之后,要对该部件的结构特点进行分析,以便确定绘图表达方案。

如图2-3-3所示,安全阀主要由阀体、阀盖构成供油系统。阀门的开启和关闭由弹簧控制,弹簧压力的大小由螺杆调节。阀帽用以保护螺杆免受损伤或触动。

### 第2步 拆卸安全阀,绘制装配示意图

1. 拆卸部件

(1) 拆卸工具　拆卸用到的工具有:活动扳手、一字头螺丝刀、木锤、起子、冲子等。

(2) 拆卸方法和顺序　安全阀的装拆顺序如下:

紧定螺钉→阀帽→螺母→螺杆→螺母→垫圈→双头螺柱→阀盖→垫片→弹簧托盘→弹

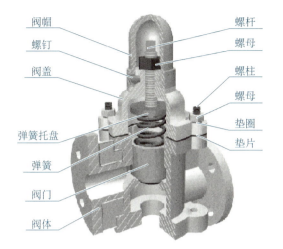

安全阀拆装

安全阀

图 2-3-3 安全阀零件

簧→阀门。

### 2. 绘制装配示意图

把安全阀看作透明体,用单线条形象地画其装配示意图,在画出外形轮廓的同时,再画出其内部结构,表示零件的结构形状和装配关系。也可以将较大的零件画出其大致轮廓,其他较小的零件用单线或符号来表示。在装配示意图上,将所有零部件用文字明确标注。标注时,可以用引线的方式注写文字,并注明零件的序号和数量;对标准零部件,还要写出其规格尺寸及标准编号。安全阀装配示意图如图 2-3-4 所示。

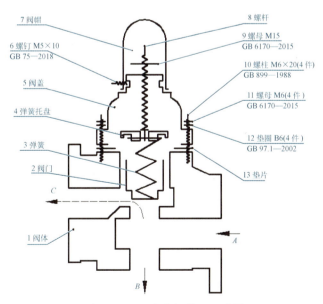

图 2-3-4 安全阀装配示意图

## 第 3 步 绘制零件草图

### 1. 零件分类

通过对部件的分析,找出标准件和非标准件,并对零件进行分类。该安全阀零件分类如下:

(1) 标准件 包括双头螺柱、螺母、垫圈、螺钉,标准件表格见表 2-3-2。

表 2-3-2 安全阀标准件表

| 序号 | 名称 | 规格 | 数量 | 材料 | 标准号 |
| --- | --- | --- | --- | --- | --- |
| 6 | 螺钉 | M5×10 | 1 | 45 | GB/T 75—2018 |
| 9 | 螺母 | M15 | 1 | 45 | GB/T 6170—2015 |
| 10 | 螺柱 | M6×20 | 4 | 45 | GB/T 899—1988 |
| 11 | 螺母 | M6 | 4 | 45 | GB/T 6170—2015 |
| 12 | 垫圈 | 6 | 4 | 45 | GB/T 97.1—2002 |

(2) 非标准件 有以下几类。

轴套类零件:螺杆、阀门、弹簧。

盘盖类零件:弹簧托盘。

箱体类零件:阀体、阀盖、阀帽。

绘制所有非标准件的零件草图。

### 2. 分析零件,确定表达方案

(1) 了解分析测绘零件 首先了解零件的名称、材料及其在装配体中的位置和作用,然后对零件的结构、制造方法进行分析。

以阀盖为例讲述分析过程:阀盖由 ZL101 铸造而成,属于箱体类零件。为了与阀体联结,阀盖下端有较厚凸缘结构,凸缘上均布 4 个锪平孔,用于双头螺柱与阀体联结,上部螺纹孔用于螺杆上、下移动,有铸造圆角,如图 2-3-5 所示。

安全阀阀盖

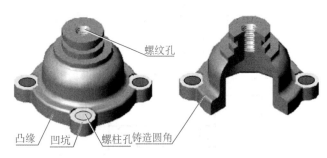

图 2-3-5 阀盖结构分析

(2) 确定零件的表达方案

① 确定主视图。阀盖的主视图采用半剖视图,表达内外结构。

② 选择其他视图。为了表达阀盖的凸缘轮廓形状,增加俯视图。

3. 徒手绘制零件草图
① 确定绘图比例。
② 绘制图框和标题栏。
③ 绘制基准线布置视图。
④ 徒手画零件草图。
⑤ 绘制尺寸界线、尺寸线、箭头。

阀盖零件草图如图 2-3-6 所示。

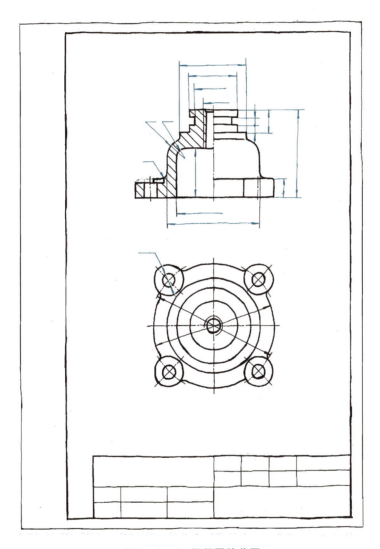

图 2-3-6 阀盖零件草图

> **模仿练习**

模仿阀盖绘图方法,徒手绘制阀帽、阀体、阀门、弹簧、弹簧托盘、螺杆等零件草图。

#### 4. 测量、标注尺寸

参照项目一测量所有零件的尺寸,并标注在零件草图中。阀盖零件草图尺寸的标注,如图 2-3-7 所示。

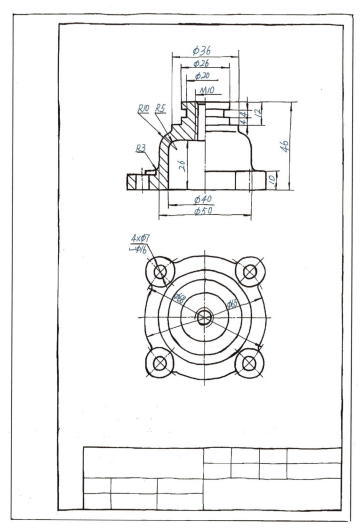

图 2-3-7 阀盖零件草图—尺寸标注

### 模仿练习

通过教师讲解,模仿阀盖测量方法,测量并标注阀帽、阀体、阀门、弹簧、弹簧托盘、螺杆等零件图尺寸。

#### 5. 技术要求的确定

参考项目一查阅有关资料应用类比法,确定零件表面结构值,以及尺寸公差、形位公差、材料及热处理等要求,标注如图 2-3-8 所示。

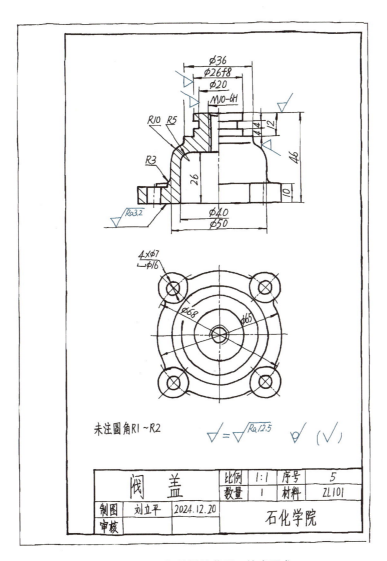

图 2-3-8 阀盖零件草图—技术要求

## 模仿练习

通过教师讲解,模仿阀盖技术要求确定的方法,确定阀帽、阀体、阀门、弹簧、弹簧托盘、螺杆等零件图的技术要求。

### 6. 检查、修改、填写标题栏

再一次全面检查图纸,确认无误后,填写标题栏,完成全图,图 2-3-8 所示为阀盖零件草图。

#### 第 4 步 尺规绘制零件工作图

参照任务 1.1 完成零件工作图的绘制,阀盖零件工作图如图 2-3-9 所示。

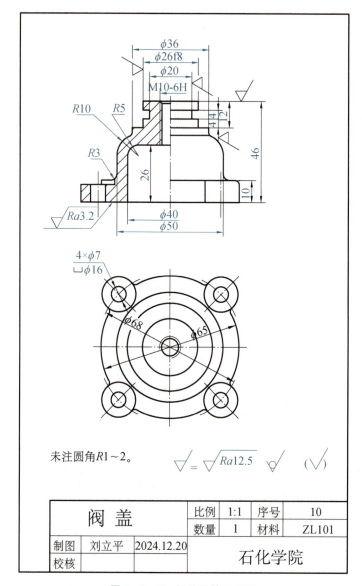

图 2-3-9 阀盖零件工作图

## 模仿练习

模仿阀盖零件图绘制方法,绘制阀帽、阀体等零件图。阀体零件工作图如图 2-3-10 所示。

### 第 5 步 绘制装配图

根据装配示意图和零件图绘制安全阀装配图。步骤如下:

#### 1. 确定安全阀装配图的表达方案

安全阀按其工作位置放置且对称面平行 V 面,主视图采用全剖视图,主要表达安全阀的

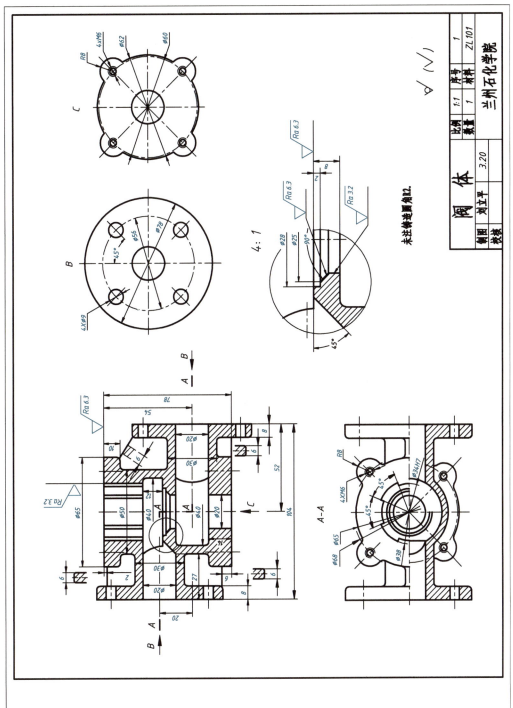

图 2-3-10 阀体零件工作图

工作原理,各零件间的装配连接关系。

俯视图采用视图,主要表达阀体、阀盖、阀帽的外形轮廓,以及阀盖与阀体之间双头螺柱连接的位置及数量。

左视图采用视图,主要表达安全阀外部形状。

A向视图表达阀体底部形状及螺纹孔的位置及数量,采用对称结构的简化画法,节约图纸幅面。B-B局部放大图表达阀盖与阀体之间双头螺柱连接情况。

2. 绘制装配图

(1) 确定图纸幅面与绘图比例　按照确定的表达方案,根据安全阀的总体尺寸及复杂程度确定绘图比例为 1∶1;考虑视图个数、标题栏、明细栏、尺寸标注、序号、技术要求等内容,选择 A3 图幅。

(2) 绘制图框、标题栏和明细栏。

(3) 布置视图,画基准线　按视图数量及大小合理布置各视图的位置,绘制各视图的对称中心线、主要轴线、视图的定位基准线,如图 2-3-11 所示。

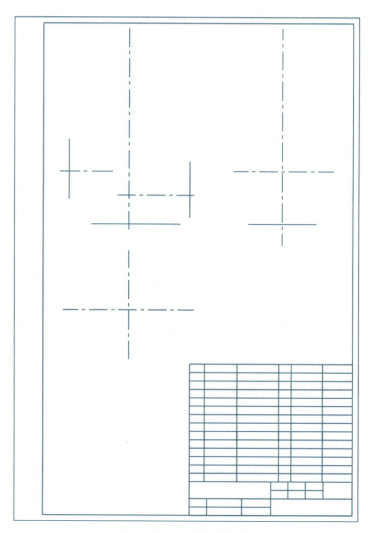

图 2-3-11　绘制基准线

（4）绘制底稿 如图 2-3-12 所示，从主视图出发，先绘制阀体、垫片、阀盖、阀帽剖开的轮廓，再绘制阀门、弹簧、弹簧托盘、螺母、螺杆等。俯、左视图与主视图配合起来先主后次绘制，最后补画细节。

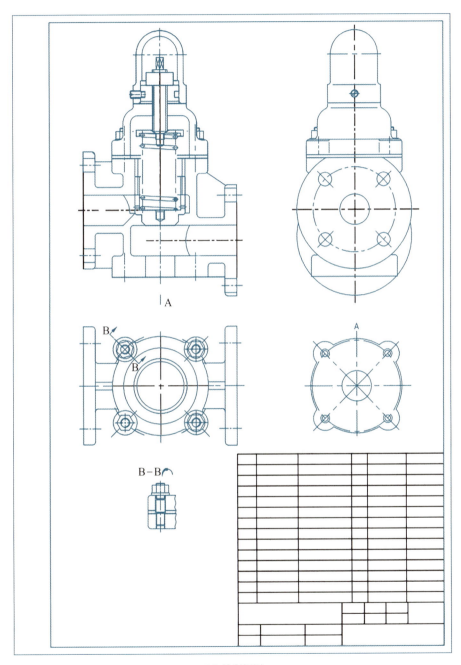

(a) 绘制视图

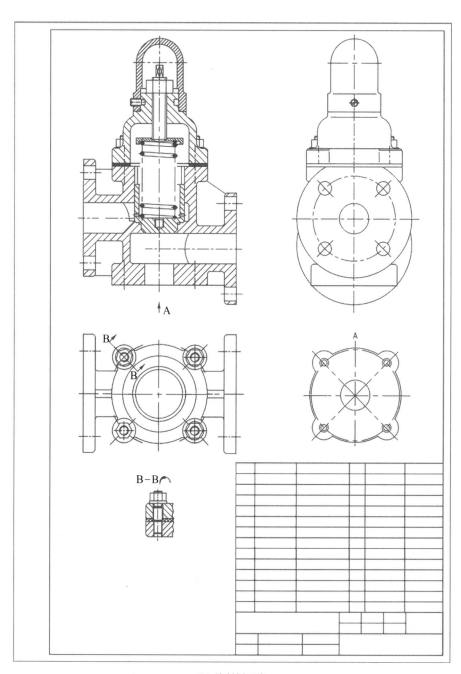

(b) 绘制剖面线

图 2-3-12　绘制底稿

（5）标注尺寸　标注性能尺寸、装配尺寸、安装尺寸、外形尺寸和其他重要尺寸,如图 2-3-13 所示。

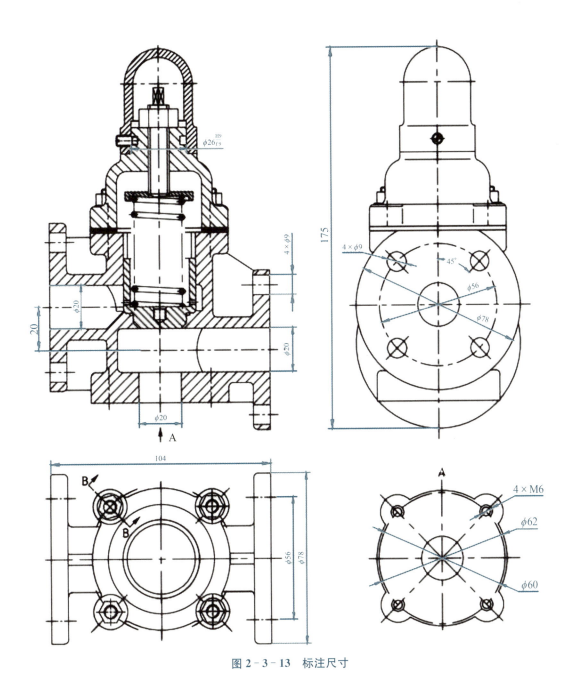

图 2-3-13 标注尺寸

（6）标注零部件序号　从主视图左下角开始顺时针顺序编写零部件序号，如图 2-3-14 所示。

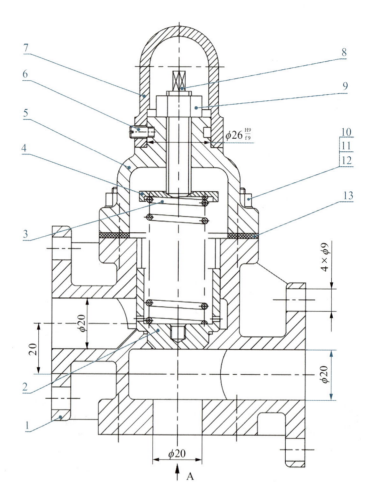

图 2-3-14 标注序号

(7) 填写标题栏、明细栏和技术要求。

(8) 检查、加深,完成装配图 如图 2-3-15 所示。

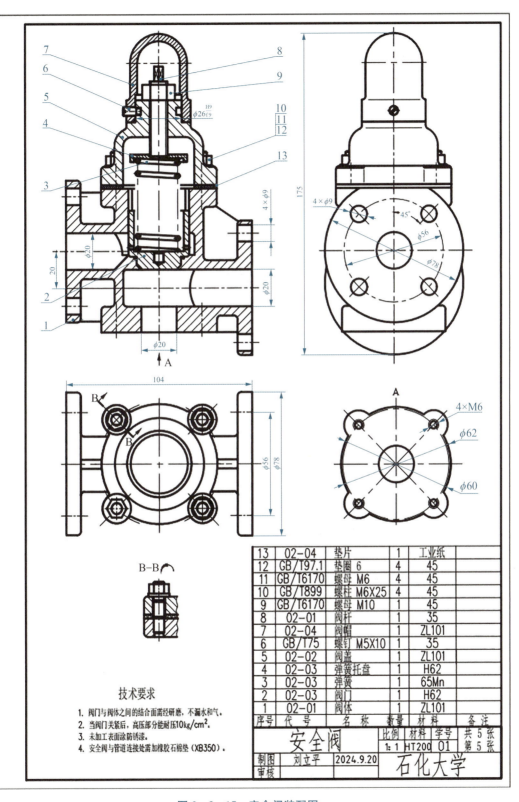

图 2-3-15 安全阀装配图

## 任务 2.4 ▶ 机用虎钳测绘

### 工作任务

完成机用虎钳的测绘,具体要求见表 2-4-1 所示的工作任务单。

表 2-4-1 工作任务单

| 任务介绍 | 在教师的指导下,完成机用虎钳测绘任务 |
|---|---|
| 任务要求 | <br>图 2-4-1 机用虎钳<br><br>熟悉机用虎钳的工作原理<br>正确拆装机用虎钳<br>徒手绘制机用虎钳装配示意图<br>徒手绘制非标准件零件草图<br>正确测量并标注尺寸<br>正确标注零件图的技术要求<br>尺规绘制零件图和装配图 |
| 测绘工具、设备 | 直尺、内外卡尺、游标卡尺、螺距规、半径规、扳手、螺丝刀每组一套<br>图板、丁字尺、计算机每人一套 |
| 学习目标 | 学会正确拆装机用虎钳<br>能够快速徒手绘制零件草图<br>能够正确测量并标注尺寸<br>能够正确绘制机用虎钳零件图和装配图<br>养成严格遵守国家标准的习惯,具备运用和贯彻国家标准的能力<br>培养发现问题、分析问题、解决问题的能力 |
| 学习重点 | 徒手绘制零件草图<br>尺规绘制零件图、装配图 |
| 学习难点 | 机用虎钳装配图表达方案的确定<br>绘制机用虎钳装配图 |
| 参考标准 | GB/T 4460—2013　机械制图　机构运动简图用图形符号<br>GB/T 2822—2005　标准尺寸<br>GB/T 1800—2020　产品几何技术规范(GPS)　线性尺寸公差 ISO 代号体系<br>GB/T 1801—2009　产品几何技术规范(GPS)　极限与配合　公差带和配合的选择<br>GB/T 1804—2000　一般公差　未注公差的线性和角度尺寸的公差<br>GB/T 1182—2018　产品几何技术规范(GPS)　几何公差　形状、方向、位置和跳动公差标注<br>GB/T 1184—1996　形状和位置公差　未注公差值 |

## 任务实施

### 第1步　了解机用虎钳

测绘前,应对机用虎钳进行全面的了解,通过观察、分析该部件的结构和工作情况,查阅有关机用虎钳的说明书及相关资料,搞清楚其用途、性能、工作原理、结构特点、零件间的装配关系,以及拆装方法等。

#### 1. 机用虎钳工作原理

机用虎钳安装在工作台上,用于夹紧加工工件,是钳工车间必备夹具。如图2-4-2所示,当转动螺杆时,螺杆的螺旋作用带动方螺母,方螺母通过螺钉联结在活动钳身上,带动活动钳身沿着固定钳座左、右移动,从而使两个钳口板开启或闭合,实现松开或夹紧加工件的作用。

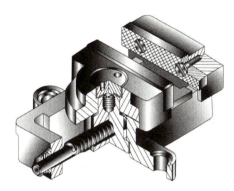

图2-4-2　机用虎钳工作原理

#### 2. 分析机用虎钳结构

在对机用虎钳工作原理进行全面了解之后,要对该部件的结构特点进行分析,以便确定绘图表达方案。

机用虎钳的结构是由固定钳座、钳口板、活动钳身、螺钉、圆环、螺杆、方螺母等组成,如图2-4-3所示。螺杆通过轴肩固定在固定钳座的轴孔上,钳座的左、右轴孔保证同轴。螺杆杆身上加工有矩形螺纹,起传动作用;螺杆左端有销孔,用销与圆环联结;右端有与手柄联结的方头结构。在固定钳身和活动钳身上,各装有钢制钳口板,并用螺钉固定;为了使工件夹紧后不易滑动,钳口板的工作面上制有交叉的网纹;钳口板经过热处理淬硬,具有较好的耐磨性。

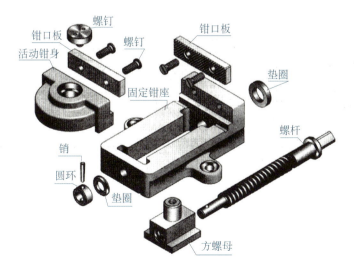

图2-4-3　机用虎钳零件

由螺杆作旋转运动,通过方块螺母带动活动钳身作水平移动。机用虎钳共 4 处有配合要求:螺杆在固定钳座左、右端的支承孔中转动,采用间隙较大的间隙配合;活动钳身与螺母虽没有相对运动,但为了便于装配,采用间隙较小的间隙配合;活动钳身与固定钳身两侧结合面的配合有相对运动,所以还是采用间隙较大的间隙配合。

### 第 2 步 拆卸机用虎钳,绘制装配示意图

#### 1. 拆卸机用虎钳

(1) 拆卸工具　拆卸用到的工具有活动扳手、螺丝刀、起子、冲子、榔头等。

(2) 拆卸方法和顺序　机用虎钳的装拆顺序如下:

螺钉→活动钳身;销→圆环→垫圈→螺杆→方块螺母;螺钉→钳口板。

#### 2. 绘制装配示意图

为了便于机用虎钳被拆后仍能顺利装配复原,绘制其装配示意图。用单线条形象地表示零件的结构形状和装配关系,在装配示意图上标注零部件的序号,序号应与明细栏中的序号一致。完成机用虎钳装配示意图,如图 2-4-4 所示。

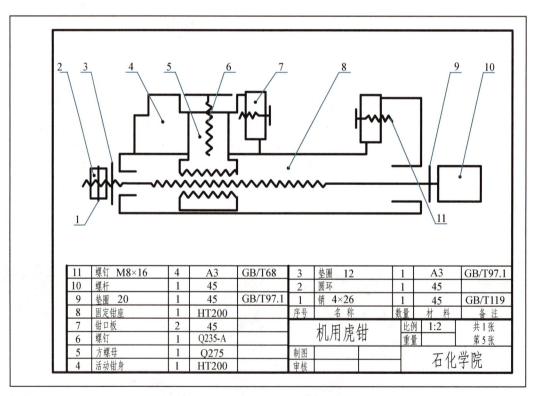

图 2-4-4　机用虎钳装配示意图

### 第 3 步 绘制零件草图

#### 1. 零件分类

通过对机用虎钳进行分析,找出标准件和非标准件,并对零件进行分类,该机用虎钳零

件分类如下:

(1) 标准件　包括螺钉、销、垫圈,标准件表格见表2-4-2。

表2-4-2　标准件表格

| 序号 | 名称 | 规格 | 数量 | 材料 | 标准号 |
|---|---|---|---|---|---|
| 1 | 销 | 4×26 | 1 | 35 | GB/T 117—2000 |
| 3 | 垫圈 | 12 | 1 | 45 | GB/T 97.1—2002 |
| 9 | 垫圈 | 20 | 1 | 45 | GB/T 97.1—2002 |
| 11 | 螺钉 | M8×16 | 4 | 45 | GB/T 68—2016 |

(2) 非标准件　有以下几类。

轴套类零件:螺杆、圆环、螺钉(6号件)。

盘盖类零件:钳口板。

箱体类零件:固定钳座、活动钳身、方块螺母。

对零件进行分类之后,绘制所有非标准件的零件草图。

## 2. 分析零件确定表达方案

(1) 了解、分析、测绘零件　以螺杆为例讲述分析过程:螺杆是由45号钢加工而成,属于轴类零件。螺杆与方块螺母配合转动带动活动钳身作直线运动,对螺杆两支承轴颈部位有同轴度要求,同时对这两部位的表面结构也有要求。螺杆中间部分是矩形螺纹,为了完整加工,螺纹有螺纹退刀槽结构,左端为了销定位加工销孔,右端为了装夹加工平面,还有倒角结构,如图2-4-5所示。

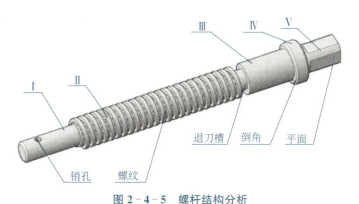

机用虎钳螺杆

图2-4-5　螺杆结构分析

(2) 选择视图并确定表达方案

① 确定主视图。螺杆按照加工位置和形状特征原则,选择主视图的投射方向,主视图采用局部剖视图表达。

② 选择其他视图。采用移出断面图表达右端四方平面结构。为了表达螺杆上螺纹形状、标注尺寸,增加局部放大图。

### 3. 徒手绘制零件草图

① 确定绘图比例。
② 绘制图框和标题栏。
③ 绘制基准线布置视图。
④ 徒手画零件草图。
⑤ 绘制尺寸界线、尺寸线、箭头。

完成螺杆零件草图,如图 2-4-6 所示。

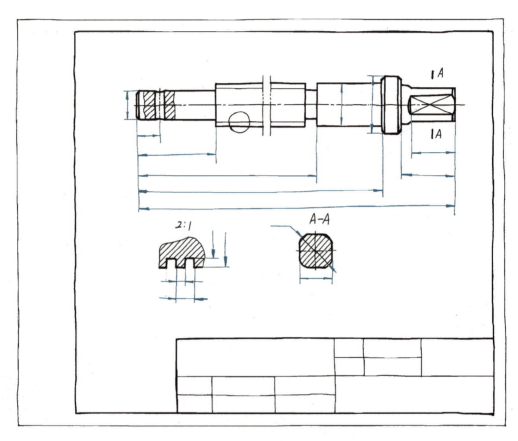

图 2-4-6 螺杆零件草图

### 模仿练习

模仿螺杆绘图方法,徒手绘制方螺母、钳口板、活动钳身、固定钳座等零件草图。

### 4. 测量、标注尺寸

参照项目一测量所有零件的尺寸,并标注在零件草图中。螺杆零件草图尺寸的标注如图 2-4-7 所示。

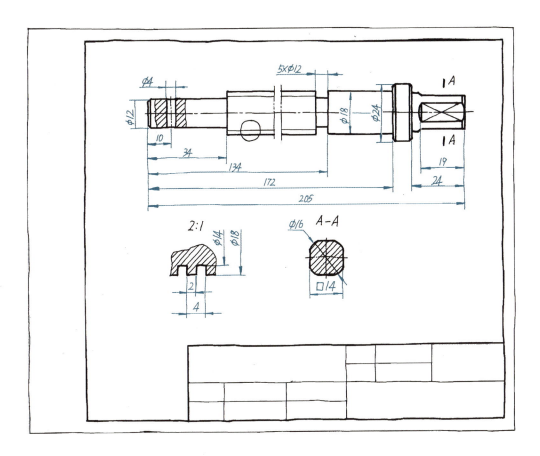

图 2-4-7 螺杆零件草图—尺寸标注

### 模仿练习

通过教师讲解,模仿螺杆的测量方法,测量并标注固定钳座、活动钳身、方螺母、钳口板等零件图的尺寸。

5. 标注技术要求

参照项目一查阅有关资料,采用类比法确定表面结构,以及尺寸公差、形位公差、材料及热处理等要求,标注如图 2-4-8 所示。

6. 检查、修改,填写标题栏

再一次全面检查图纸,确认无误后,填写标题栏,完成全图,图 2-4-8 所示为螺杆零件草图。

### 模仿练习

模仿螺杆测绘方法,对固定钳座、活动钳身、方螺母、钳口板等零件进行测绘,固定钳座零件图如图 2-4-9 所示。

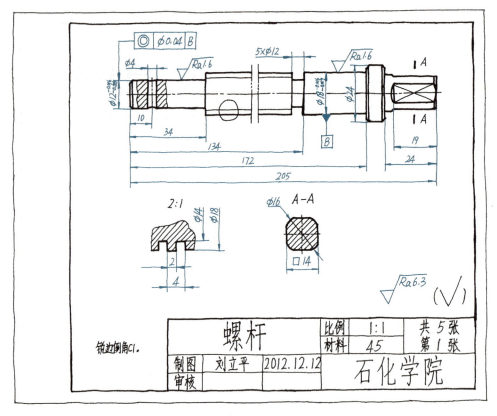

图 2-4-8　螺杆零件草图—技术要求

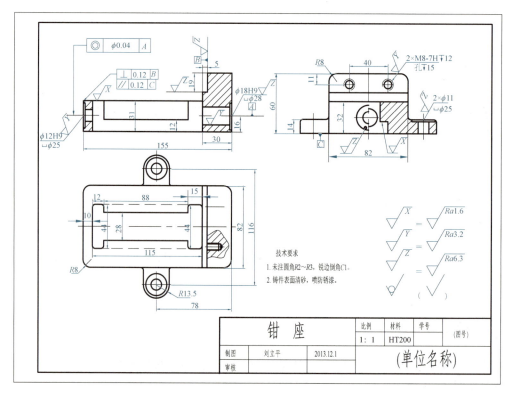

图 2-4-9　固定钳座零件图

### 第4步 尺规绘制零件工作图

参照任务 1.1 完成零件工作图的绘制,螺杆零件工作图如图 2-4-10 所示。

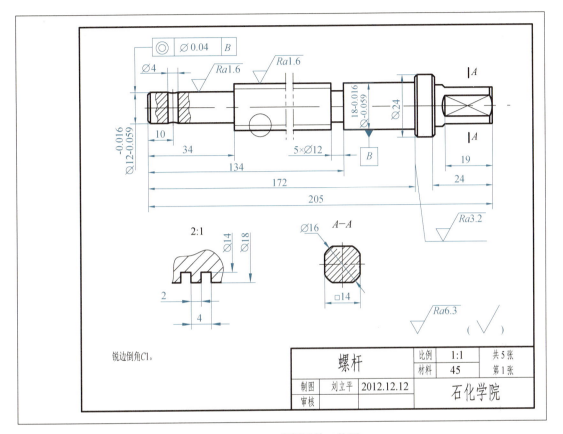

图 2-4-10 螺杆零件工作图

### 模仿练习

通过教师讲解,模仿螺杆绘图方法,利用尺规绘制固定钳座、活动钳身、方螺母、钳口板等零件图。

### 第5步 绘制装配图

根据装配示意图和零件图绘制机用虎钳装配图。步骤如下:

#### 1. 确定机用虎钳装配图的表达方案

机用虎钳按其工作位置放置且对称面平行 V 面,主视图采用全剖视图,主要表达机用虎钳的工作原理以及各零件间的装配连接关系。螺杆左端再次局部剖,表达销连接结构。

俯视图采用局部剖视图,主要表达机用虎钳的外形轮廓,以及固定钳座安装孔的位置及数量。局部剖表达螺钉连接结构。

左视图采用半剖视图,主要表达固定钳座、活动前身、方螺母的配合情况。

2. 绘制装配图

(1) 确定图纸幅面与绘图比例　按照确定的表达方案,根据机用虎钳的总体尺寸及复杂程度确定绘图比例为1∶1;考虑视图个数、标题栏、明细栏、尺寸标注、序号、技术要求等内容,选择 A3 图幅。

(2) 绘制图框、标题栏和明细栏

(3) 布置视图,画基准线　按视图数量及大小合理布置各视图的位置,绘制各视图的对称中心线、主要轴线、视图的定位基准线,如图 2-4-11 所示。

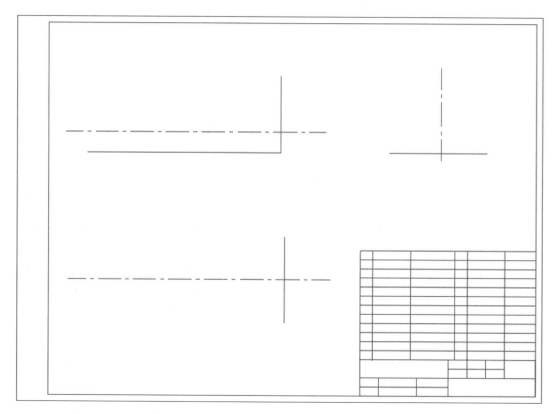

图 2-4-11　绘制基准线

(4) 绘制底稿　如图 2-4-12 所示,从主视图出发,先绘制螺杆、固定钳座、活动钳身剖开的轮廓,再绘制、方螺母、螺钉、钳口板等。俯、左视图与主视图配合起来先主后次绘制,最后补画细节。

(5) 标注尺寸　标注性能尺寸、装配尺寸、安装尺寸、外形尺寸和其他重要尺寸,如图 2-4-13 所示。

(6) 标注零部件序号　从主视图左下角开始顺时针顺序编写零部件序号,如图 2-4-14 所示。

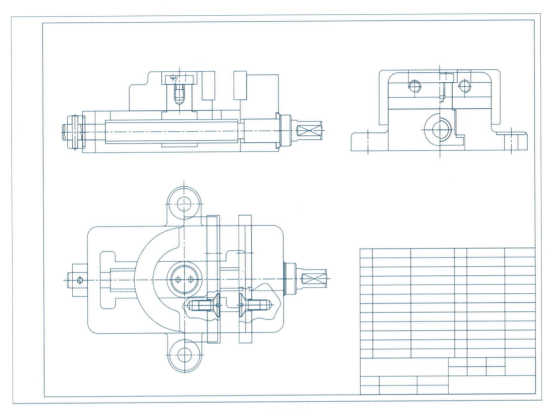

(a)绘制视图

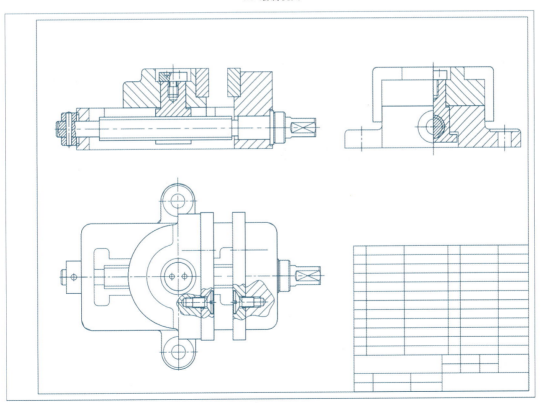

(b)绘制剖面线

图 2-4-12 绘制底稿

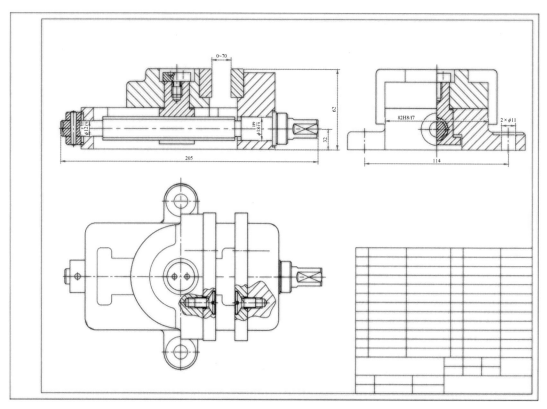

图 2-4-13 标注尺寸

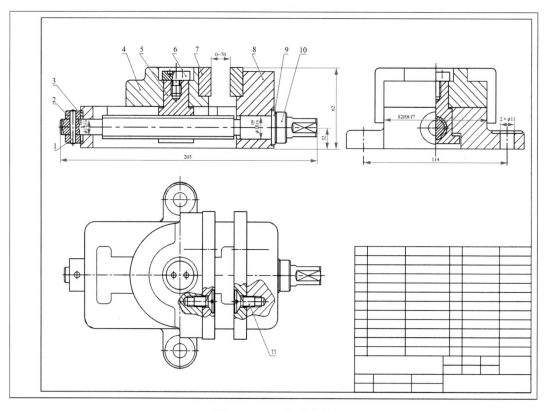

图 2-4-14 标注序号

(7) 填写标题栏、明细栏和技术要求

(8) 检查、加深,完成装配图 如图2-4-15所示。

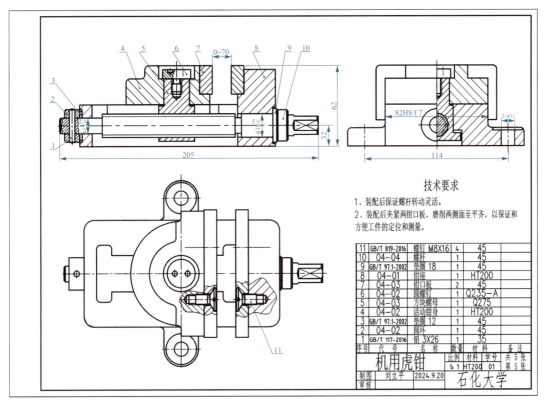

图 2-4-15 机用虎钳装配图

## 考核评价

| 自我评价 | | | |
|---|---|---|---|
| 评价项目 | 评价等级(在合适的等级内打"√") | | |
| | 熟练掌握 | 基本掌握 | 未掌握 |
| 拆卸装配体<br>绘制装配示意图 | | | |
| 徒手绘制零件草图 | | | |
| 尺规绘制零件图 | | | |
| 尺规绘制装配图 | | | |
| 综合评价 | A:100~90; B:89~80; C:79~70; D:69~60; E:59~0<br>□A □B □C □D □E | | |
| 未掌握原因<br>及<br>改进措施 | | | |

续 表

| 小组评价 | |
|---|---|
| 评价项目 | 评价等级（在合适的等级内打"√"） |
| | A:100～90； B:89～80； C:79～70； D:69～60； E:59～0 |
| 学习能力 | □A □B □C □D □E |
| 实践创新 | □A □B □C □D □E |
| 工程素养 | □A □B □C □D □E |
| 协作互助 | □A □B □C □D □E |
| 综合评价 | □A □B □C □D □E |
| 教师评价 | |
| 评价项目 | 评价等级（在合适的等级内打"√"） |
| | A:100～90； B:89～80； C:79～70； D:69～60； E:59～0 |
| 装配图视图绘制 | □A □B □C □D □E |
| 装配图尺寸标注 | □A □B □C □D □E |
| 零部件序号标注 | □A □B □C □D □E |
| 明细栏 | □A □B □C □D □E |
| 标题栏 | □A □B □C □D □E |
| 技术要求 | □A □B □C □D □E |
| 课堂表现 | □A □B □C □D □E |
| 团队协作 | □A □B □C □D □E |
| 综合评价 | □A □B □C □D □E |

## 拓展训练

以小组协作的形式共同完成不少于10个零件的装配体的测绘任务。

## 技能拔高

以个人的形式，独立完成不少于15个零件的装配体的测绘任务。

# 项目三　AutoCAD 操作基础

本项目通过 5 个任务认识 AutoCAD "草图与注释"工作空间的界面，学习直线、圆、矩形、椭圆、多边形、多段线、偏移等命令，学会状态栏中极轴追踪、对象捕捉、动态输入等的设置与使用方法。通过任务实施、模仿练习，学习绘制简单的几何图形，能够按照《GB/T 18229—2000 CAD 工程制图规则》创建、使用、管理图层，初步养成计算机绘图的标准意识，做社会主义法治的忠实崇尚者、自觉遵守者、坚定捍卫者，从遵守国家标准开始；实践没有止境，理论创新也没有止境，通过实践创新项目，开拓思路，提高解决问题的能力；通过拓展训练和技能拔高栏目，不断提高绘图技能和思路。

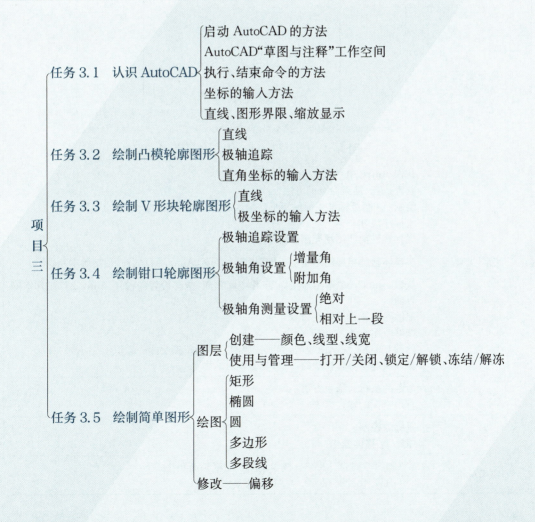

## 任务 3.1 ▶ 认识 AutoCAD

### 📊 工作任务

在教师的指导下,认识 AutoCAD"草图与注释"工作界面,完成图 3-1-1 所示 A3 图纸标准幅面的绘制任务。具体要求见表 3-1-1 工作任务单。

表 3-1-1　工作任务单

| 任务介绍 | 在教师的指导下,认识 AutoCAD 工作界面,完成 A3 图纸标准幅面的绘制任务 |
|---|---|
| 任务要求 | 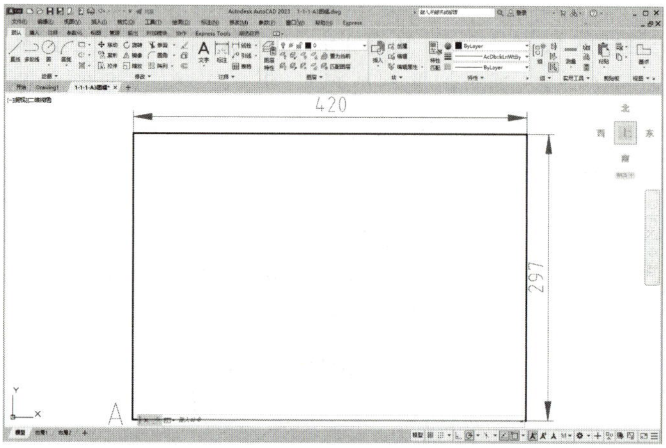 <br>图 3-1-1　认识 AutoCAD 工作界面,绘制图形<br>认识 AutoCAD"草图与注释"工作界面<br>熟悉执行、结束命令的方法<br>绘制 A3 图纸标准幅面的矩形(420×297),左下角点的坐标为(0,0)<br>不标注尺寸<br>保存文件前使图形充满屏幕 |
| 绘图工具 | 多媒体教师机或网络机房,计算机每人一套,AutoCAD 软件(最新版本) |
| 学习目标 | 认识 AutoCAD"草图与注释"工作空间界面,能够设置与使用 AutoCAD 工作空间界面<br>能够熟练执行与结束命令<br>能够使用直线、缩放等命令<br>熟悉 CAD 工程制图规则,养成按照国家标准正确绘图的意识<br>养成快速学习新技能的习惯,具备学习能力 |
| 学习重点 | 命令的执行与结束方法<br>直角坐标的输入方法 |
| 学习难点 | 鼠标的控制<br>缩放、平移的操作 |
| 参考标准 | 1. GB/T 14689—2008　技术制图　图纸幅面和格式<br>2. GB/T 18229—2000　CAD 工程制图规则 |

## 三 知识链接

### 1. 启动 AutoCAD 的方法

打开 AutoCAD 一般有以下 3 种方法：
① 双击桌面上"AutoCAD 2023 中文版"图标。
② 单击【开始】|【程序】|【Autodesk】|【AutoCAD2023】。
③ 双击 *.dwg 格式文件。

实事求是
诚信为本

认识 AutoCAD(1)

### 2. AutoCAD"草图与注释"工作空间

AutoCAD"草图与注释"工作空间的界面如图 3-1-2 所示，主要由绘图区、标题栏、菜单栏、功能区、命令窗口、状态栏等组成。

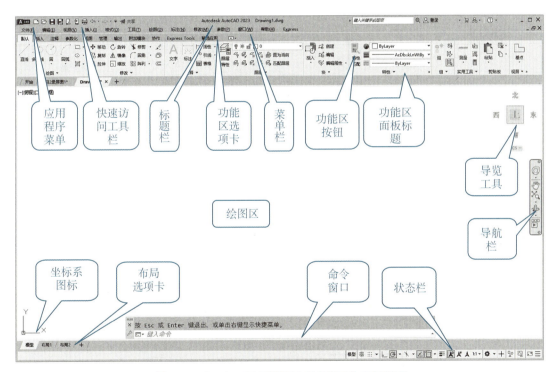

图 3-1-2　AutoCAD"草图与注释"工作空间界面

### 3. 执行、结束命令的方法

在 AutoCAD 中，常见执行命令、结束命令的方法见表 3-1-2。

认识 AutoCAD(2)

表 3-1-2 执行、结束命令的方法

| 执行命令 | 命令行输入命令 | 简化命令,如:l |  |
| --- | --- | --- | --- |
|  |  | 完整命令,如:line |  |
|  | 鼠标执行命令 | 功能区 | 单击功能区的命令按钮,如:  ／ |
|  |  | 菜单栏 | 单击菜单中的菜单项,如:【绘图】\|【直线】 |
|  | 重复命令 | 右键 | 在绘图区击右键重复上一次命令 |
|  |  |  | 命令行右键执行近期使用的命令 |
|  |  | 键盘 | 回车键 |
|  |  |  | 空格键 |
| 结束命令 | 右键 |  |  |
|  | 回车键 |  |  |
|  | 空格键 |  |  |
| 退出命令 | [Esc]键 |  |  |

**4. 坐标的输入方法**

确定一个点在图形中的位置必须输入点的坐标。在 AutoCAD 中,二维坐标常见的种类划分方式及输入方法见表 3-1-3。

表 3-1-3 坐标的种类及输入方法

|  | 直角坐标 | 极坐标 |
| --- | --- | --- |
| 绝对坐标 | 输入坐标(30,20),该点距离坐标系原点 X 轴正方向 30 个单位,Y 轴正方向 20 个单位 | 输入坐标(30<60),该点距离坐标系原点 30 个单位,且该点与原点连线与 X 轴正向夹角为 60° |
| 相对坐标 | 输入坐标(@30,20),该点距离上一点 X 轴正方向 30 个单位,Y 轴正方向 20 个单位 | 输入坐标(@30<40),该点距离上一点 30 个单位,且该点与上一点连线与 X 轴正向夹角为 40° |
| 图例 | (图示:A(0,0), B(30,20), C(@30,20)) | (图示:A(0,0), B(30<60), C(@30<40)) |

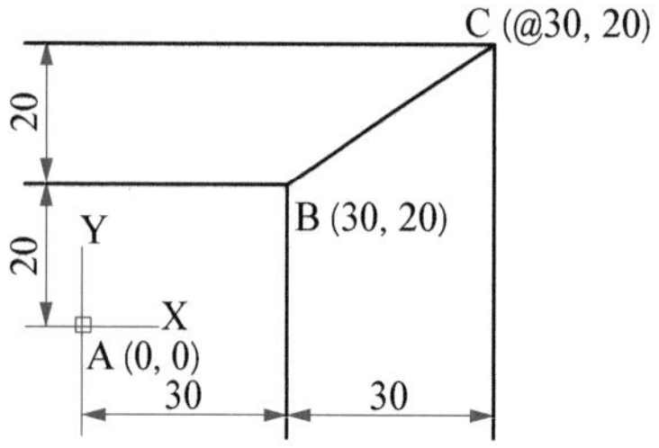

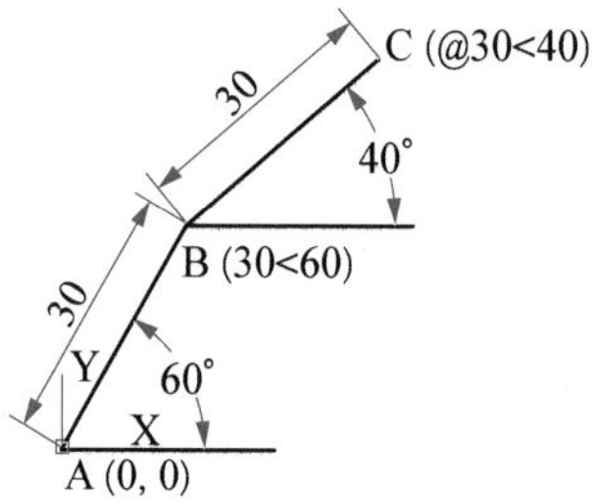

## 任务实施

### 第1步　设置图形单位

执行"单位"命令的方法：
① 命令行：输入"un"(units)。
② 菜单栏：单击菜单栏【格式】|【单位】，如图 3-1-3 所示。

认识 AutoCAD(3)

图 3-1-3　在"格式"菜单执行"单位"命令的方法

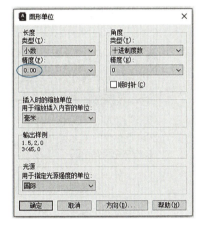

图 3-1-4　设置图形单位

执行"单位"命令之后，弹出"图形单位"对话框，修改长度的精度为 0.00，如图 3-1-4 所示。

### 第2步　设置图形界限

设置 A3 幅面 X 型图纸的图形界限。单击【格式】|【图形界限】：
指定左下角点或[开(ON)/关(OFF)]<0.00,0.00>：　　　　　　　　　　　　　（回车）
指定右上角点<420.00,296.00>：　　　　　　　　　　　　　　　　　　　　（回车）

### 第3步　设置状态栏

在 AutoCAD 工作界面右下方的状态栏中，如图 3-1-5 所示，单击"DYN""极轴追踪""对象捕捉追踪""对象捕捉"按钮，使它们处于打开状态。单击"栅格""捕捉""正交"按钮，使之处于关闭状态。

图3-1-5 设置状态栏

**第4步 绘制图形**

用"直线"命令绘制图形,执行"直线"命令的方法:
① 命令行:输入"l"(line)。
② 功能区:单击"默认"选项卡"绘图"面板中的按钮 ╱,如图3-1-6(a)所示。
③ 菜单栏:单击菜单栏【绘图】|【直线】,如图3-1-6(b)所示。

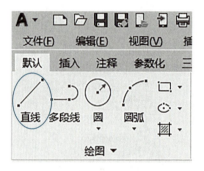 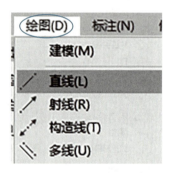

(a) 功能区命令按钮　　　　　　　　　(b) "绘图"菜单

图3-1-6 执行"直线"命令的方法

AutoCAD提示如下:

命令:_line 指定第一点:0,0　　　　　　　　　　　　(输入坐标"0,0",回车)
指定下一点或[放弃(U)]:420　　　(极轴打开状态,向右追踪到0°极轴,输入"420")
指定下一点或[放弃(U)]:297　　　(极轴打开状态,向上追踪到90°极轴,输入"297")
指定下一点或[闭合(C)/放弃(U)]:420
　　　　　　　　　　　　　　　(极轴打开状态,向左追踪到180°极轴,输入"420")
指定下一点或[闭合(C)/放弃(U)]:c　　　　　　　　(选择闭合,输入"c",回车)
完成矩形的绘制。

**第5步 全部缩放**

使图形充满屏幕的方法是执行"缩放"命令:

① 命令行:输入"z"(zoom),回车;再输入"a(all)",回车。

② 功能区:单击"导航栏"中全部缩放的图标按钮 ![icon],如图 3-1-7(a)所示。

③ 菜单栏:单击菜单栏【视图】|【缩放】|【全部(Z)】,如图 3-1-7(b)所示。

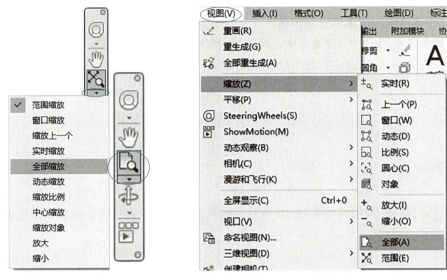

(a) 导航栏　　　　　　　　　　　(b) "视图"菜单

图 3-1-7　执行"缩放"命令的方法

### 第6步　保存文件

单击【文件】|【另存】。

## 模仿练习

按照 1∶1 比例,抄画图 1-1-8 所示 A2 幅面的矩形,A 点的坐标为(0,0),不标注尺寸。

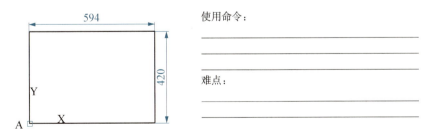

图 3-1-8　绘制 A2 幅面的矩形

使用命令:
_____
_____
_____

难点:
_____
_____

## 常见问题

**输入坐标不执行命令怎么处理?**

① 在执行命令之后再输入坐标,不要没有任何命令操作就输入坐标。刚开始绘图,需

要认真、仔细,不要操之过急。

② 检查输入法。输入坐标以及键盘输入命令时,一定在英文输入状态下,否则不执行命令。

### ◆ 操作技巧

**如何快速使绘制的图形充满屏幕?**

在"键入命令"状态下,快速双击鼠标中键,所有图形会充满屏幕。在绘图过程中用对方法很重要,慢慢积累绘图技巧,提高绘图效率。

## 任务 3.2 ▶ 绘制凸模轮廓图形

### 工作任务

在教师的指导下,完成图 3-2-1 所示凸模轮廓图形的绘制任务。具体要求见表 3-2-1 工作任务单。

表 3-2-1 工作任务单

| 任务介绍 | 在教师的指导下,完成凸模轮廓图形的绘制任务 |
|---|---|
| 任务要求 | 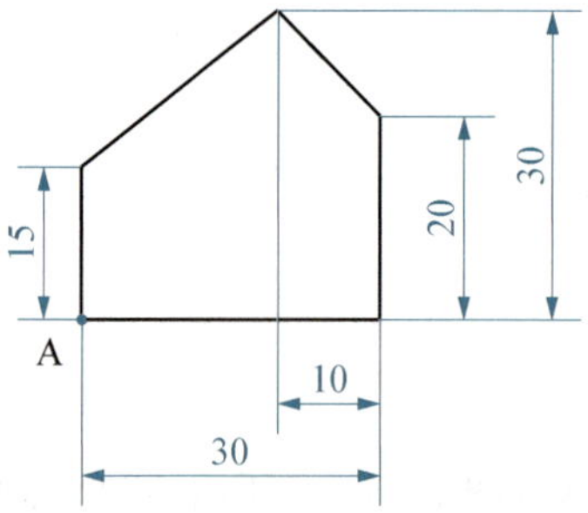 图 3-2-1 凸模轮廓图形<br><br>绘图单位保留两位小数<br>按 1∶1 绘制图形<br>不标注尺寸<br>保存文件前使图形充满屏幕 |
| 绘图工具 | 多媒体教师机或网络机房,计算机每人一套,AutoCAD 软件(最新版本) |
| 学习目标 | 学会利用直角坐标绘制直线的方法<br>能够熟练绘制由直线组成的图形<br>养成严谨认真、正确绘图的习惯<br>养成快速学习新技能的习惯,具备学习能力 |
| 学习重点 | 直角坐标的输入方法 |

续 表

| 学习难点 | 指定角度限制光标 |
|---|---|
| 参考标准 | 1. GB/T 14689—2008　技术制图　图纸幅面和格式<br>2. GB/T 18229—2000　CAD工程制图规则 |

## 任务实施

**第1步　直线命令绘制图形**

将状态栏中"动态输入(DYN)"和"极轴追踪"打开,执行直线命令。
命令:_line 指定第一点:　　　　　　　　(屏幕上任意位置指定A点,单击左键)
指定下一点或[放弃(U)]:30　　　　　　(由A点向右捕捉到0°极轴,输入"30",回车)
指定下一点或[放弃(U)]:20　　　　　　(向上捕捉到90°极轴,输入"20",回车)
指定下一点或[闭合(C)/放弃(U)]:@-10,10
　　　　　　　　　　　　　　　(DYN打开状态,直接输入"-10,10",回车)
指定下一点或[闭合(C)/放弃(U)]:@-20,-15
　　　　　　　　　　　　　　　(DYN打开状态,直接输入"-20,15",回车)
指定下一点或[闭合(C)/放弃(U)]:c　　　　　　(选择闭合,输入"c",回车)
完成图形的绘制。

**第2步　全部缩放**

**第3步　保存文件**

## 模仿练习

按照1∶1比例,抄画图3-2-2所示图形,不标注尺寸。

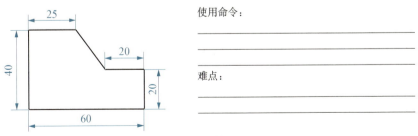

图3-2-2　抄画图形

## 常见问题

在绘制直线时,为什么输入坐标后,下一点未到理想位置,而是到了坐标原点附近?

检查状态栏中动态输入是否处于打开状态。动态输入按钮未打开,系统默认是绝对坐标,输入坐标时需要输入相对坐标符号@。动态输入打开状态,直接输入坐标,系统默认是相对坐标。绘图时要细心观察,明确绘图需求,细心、认真地画好每一张图。

## 任务 3.3 ▶ 绘制 V 形块轮廓图形

### 工作任务

在教师的指导下,完成图 3-3-1 所示 V 形块轮廓图形的绘制任务。具体要求见表 3-3-1 工作任务单。

表 3-3-1 工作任务单

| 任务介绍 | 在教师的指导下,认识 AutoCAD 工作界面,完成 A3 图纸标准幅面的绘制任务 |
|---|---|
| 任务要求 | 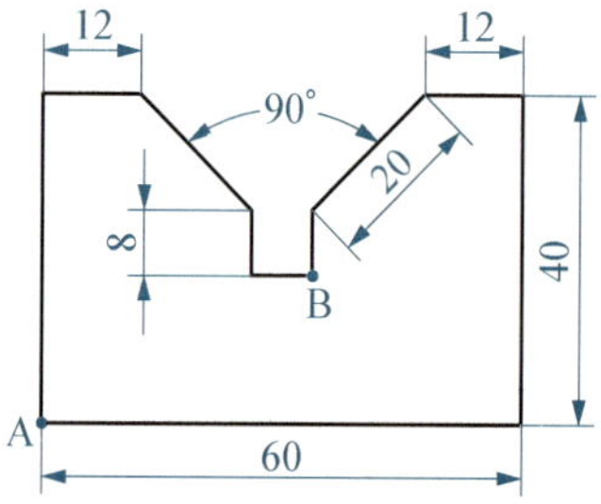 图 3-3-1 认识 AutoCAD 工作界面,绘制图形<br>绘图单位保留两位小数<br>按照 1∶1 比例绘制图形<br>不标注尺寸<br>保存文件前使图形充满屏幕 |
| 绘图工具 | 多媒体教师机或网络机房,计算机每人一套,AutoCAD 软件(最新版本) |
| 学习目标 | 学会利用极坐标绘制直线的方法<br>学会绘制具有极坐标的图形<br>能够正确分析,使用不同的坐标绘图,具备分析问题、解决问题的能力<br>养成快速学习新技能的习惯,具备学习能力 |
| 学习重点 | 极坐标的输入方法 |
| 学习难点 | 鼠标的控制方法 |
| 参考标准 | 1. GB/T 14689—2008  技术制图  图纸幅面和格式<br>2. GB/T 18229—2000  CAD 工程制图规则 |

## 工程应用

V形块(图3-3-2)用于轴类检验、校正、划线,还可用于检验工件垂直度、平行度,精密轴类零件的检测、划线、定位及机械加工中的装夹。V形块按JB/T8047—95标准制造,也称为V形架,常用的有三口V形铁、单口V形铁和五口V形铁。

图3-3-2　V形块

## 任务实施

用直线命令绘制V形块轮廓图形。将状态栏中"动态输入(DYN)"和"极轴追踪"打开,执行直线命令。

命令:_line 指定第一点: 　　　　　　　　(屏幕上任意位置指定A点,单击左键)
指定下一点或[放弃(U)]:60 　　　　　　 (由A点向右捕捉到0°极轴,输入"60",回车)
指定下一点或[放弃(U)]:40 　　　　　　 (向上捕捉到90°极轴,输入"40",回车)
指定下一点或[闭合(C)/放弃(U)]:12 　　 (向左捕捉到180°极轴,输入"12",回车)
指定下一点或[闭合(C)/放弃(U)]:@20<225
　　　　　　　　　　　　　　　　　　　　(DYN打开状态,直接输入"20<225",回车)
指定下一点或[闭合(C)/放弃(U)]:8 　　　(向下捕捉到270°极轴,输入"8",回车)
回车,结束命令,图形画至B点,如图3-3-3所示。

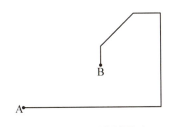

图3-3-3　绘制图形

绘制V形块轮廓图形

回车,重复直线命令。

命令_line 指定第一点: 　　　　　　　　　(捕捉到A点,单击左键)
指定下一点或[放弃(U)]:40 　　　　　　 (由A点向上捕捉到90°极轴,输入"40",回车)
指定下一点或[闭合(C)/放弃(U)]:12 　　 (向右捕捉到0°极轴,输入"12",回车)
指定下一点或[闭合(C)/放弃(U)]:@20<-45
　　　　　　　　　　　　　　　　　　　　(DYN打开状态,直接输入"20<-45",回车)

指定下一点或[闭合(C)/放弃(U)]:8　　　　　　(向下捕捉到270°极轴,输入"8",回车)
指定下一点或[闭合(C)/放弃(U)]:捕捉到端点B (向右捕捉到端点B,单击左键,回车)
完成图形绘制。

### 模仿练习

抄画图3-3-4所示图形,不标注尺寸。

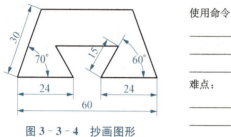

图3-3-4 抄画图形

使用命令:
_____
_____
_____

难点:
_____
_____

### 实践创新

查阅JB/T 8047标准和相关资料,设计含有V形槽的图形,至少含有用极坐标,完成绘制的图形。

心得体会:
_____
_____
_____
_____

### 操作技巧

如何利用"参数化"绘制图3-3-5所示图形。

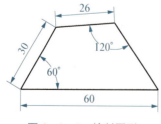

图3-3-5 绘制图形

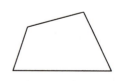

图3-3-6 抄画图形

① 参照已知图形,用直线的命令绘制图形,不管大小,如图3-3-6所示。
② 单击"参数化"选项卡,如图3-3-7(a)所示,单击【自动约束】,选中所有图形,回车。

单击【对齐】标注,分别标注60、30、26,单击【角度】,标注60°、120°,如图3-3-7(b)所示。单击【全部隐藏】,如图3-3-7(c)所示。

(a) "参数化"选项卡

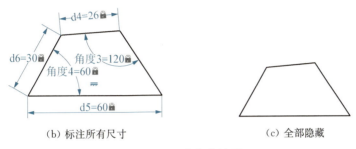

(b) 标注所有尺寸　　　　　　　　(c) 全部隐藏

图 3-3-7　参数化绘图

## 任务 3.4 ▶ 绘制钳口轮廓图形

### 工作任务

在教师的指导下,完成图 3-4-1 所示的绘制任务。具体要求见表 3-4-1 工作任务单。

表 3-4-1　工作任务单

| 任务介绍 | 在教师的指导下,认识 AutoCAD 工作界面,完成 A3 图纸标准幅面的绘制任务 |
|---|---|
| 任务要求 | 绘图单位保留两位小数<br>按照1∶1的比例绘制图形<br>不标注尺寸<br>保存文件前使图形充满屏幕 |

图 3-4-1　钳口轮廓图形

续　表

| 绘图工具 | 多媒体教师机或网络机房,计算机每人一套,AutoCAD软件(最新版本) |
|---|---|
| 学习目标 | 学会利用极坐标绘制直线的方法<br>能够熟练设置极轴追踪<br>养成严谨认真、正确绘图的习惯<br>养成快速学习新技能的习惯,具备学习能力 |
| 学习重点 | 极坐标的输入方法<br>极轴角(增量角、附加角)设置 |
| 学习难点 | 极轴角测量(绝对、相对上一段)设置 |
| 参考标准 | 1. GB/T 14689—2008　技术制图　图纸幅面和格式<br>2. GB/T 18229—2000　CAD工程制图规则 |

### 工程应用

如图3-4-2所示,V口台虎钳适合夹持圆柱形零件,辅助机床完成槽、孔、面等加工。钳口防滑槽部分保证相互垂直、相对下部倾斜,其轮廓图形可以利用极轴追踪,设置极轴角测量来完成绘图。

图3-4-2　钳口的应用

### 任务实施

**第1步　设置极轴角**

打开"草图设置"对话框,一般有以下3种方法:

① 单击【工具】|【绘图设置】,如图3-4-3(a)所示。

② 在状态栏极轴追踪按钮  上右键或者单击该按钮右侧的 ▼,单击【正在追踪设置】,如图3-4-3(b)所示。

③ 在"键入命令"状态,在绘图区按[Ctrl]或[Shift]<>同时右击,弹出快捷菜单,单击【对象捕捉设置】,如图3-4-3(c)所示。

绘制钳口轮廓图形

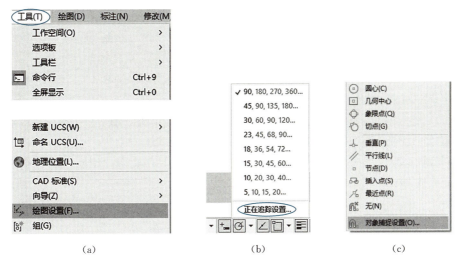

图 3-4-3 打开"草图设置"对话框的方法

弹出"草图设置"对话框,单击"极轴追踪"选项卡,在【极轴角设置】|【增量角】文本框中输入"90",在"极轴角测量"处选择"相对上一段",如图 3-4-4 所示,单击【确定】按钮。

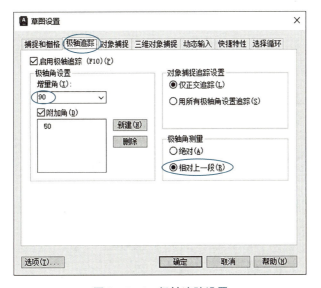

图 3-4-4 极轴追踪设置

### 第 2 步 直线命令绘制图形

将状态栏中"动态输入(DYN)"和"极轴追踪"打开,执行"直线"命令。

命令:_line 指定第一点: (屏幕上任意位置指定 A 点,单击左键)
指定下一点或[放弃(U)]:30 (由 A 点向左捕捉到 180°极轴,输入"30",回车)
指定下一点或[放弃(U)]:50 (向上追踪到 90°极轴,输入"50",回车)

指定下一点或[闭合(C)/放弃(U)]:45＜50　　　　　　　　　　　　（输入"45＜50",回车）
指定下一点或[闭合(C)/放弃(U)]:30
　　　　　（追踪到相对上一段90°极轴,输入"30",如图3-4-5(a)所示,回车）
指定下一点或[放弃(U)]:20
　　　　　（追踪到相对上一段90°极轴,输入"20",如图3-4-5(b)所示,回车）
指定下一点或[闭合(C)/放弃(U)]:8
　　　　　（追踪到相对上一段90°极轴,输入"8",如图3-4-5(c)所示,回车）
指定下一点或[闭合(C)/放弃(U)]:
（鼠标捕捉到A时向上追踪到90°极轴,捕捉到相对上一段90°极轴,找到两个极轴交点B时单击左键,如图3-4-5(d)所示）
指定下一点或[闭合(C)/放弃(U)]:　　　　　　　　　　　　　　　（单击A点）
指定下一点或[闭合(C)/放弃(U)]:　　　　　　　　　　　　　　　　　（回车）
完成图形的绘制。

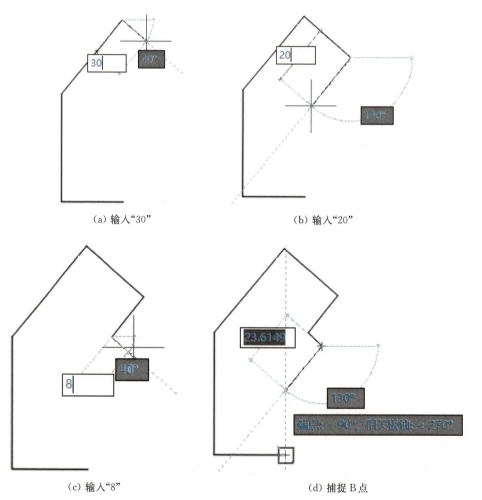

(a) 输入"30"　　　　　　　　(b) 输入"20"

(c) 输入"8"　　　　　　　　(d) 捕捉B点

图3-4-5　钳口轮廓绘图步骤

**第3步　保存**

## 模仿练习

按照 1∶1 的比例绘制图 3-4-6 所示图形,不标注尺寸。

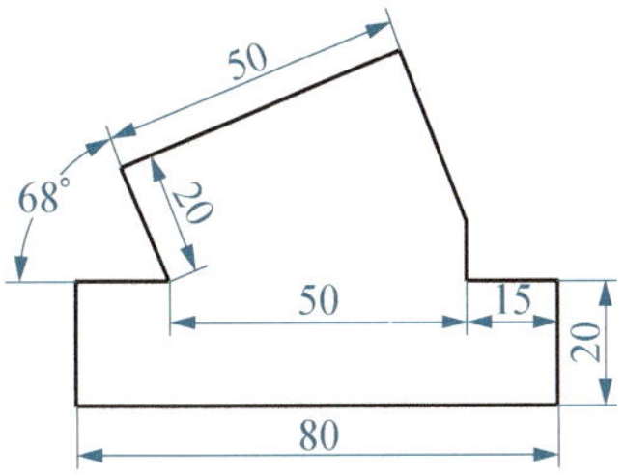

图 3-4-6 绘制图形

使用命令：
_____
_____
_____

难点：
_____
_____

## 实践创新

查阅资料,设计含有倾斜结构的轮廓图形,含有极坐标的线段和相对角度的线段。

心得体会：
_____
_____
_____
_____

## 任务 3.5 ▶ 绘制简单图形

### 工作任务

在教师的指导下,完成图 3-5-1 所示简单图形的绘制任务,按照图层绘制,不标注尺寸。具体要求见表 3-5-1 工作任务单。

表 3-5-1 工作任务单

| 任务介绍 | 在教师的指导下,完成图 3-5-1 所示简单图形的绘制任务,按照图层绘制,不标注尺寸 |
|---|---|
| 任务要求 | 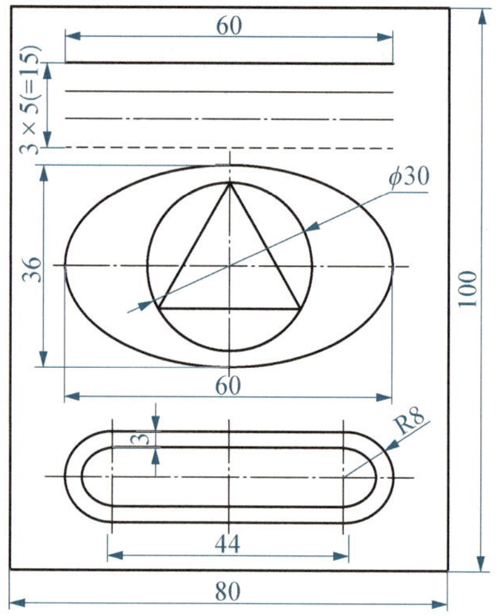 <br>图 3-5-1 简单图形<br><br>绘图单位保留两位小数<br>新建图层:粗实线、细实线、细点画线、细虚线,设置图层的颜色(按照 CAD 工程制图规则设置)、线型、线宽<br>按 1∶1 的比例绘制图形<br>不标注尺寸<br>保存文件前显示线宽,使图形充满屏幕 |
| 绘图工具 | 多媒体教师机或网络机房,计算机每人一套,AutoCAD 软件(最新版本) |
| 学习目标 | 学习图层的设置与管理<br>学会绘图命令直线、圆、矩形、椭圆、多边形、多线段等<br>学会修改命令偏移等<br>能够按照 CAD 工程制图规则创建、使用图层<br>养成贯彻执行国家标准的意识<br>养成快速学习新技能的习惯,具备学习能力 |
| 学习重点 | 图层的设置与管理<br>对象捕捉功能<br>偏移等修改命令 |
| 学习难点 | 用多段线的命令绘制含有直线和圆弧的图形 |
| 参考标准 | GB/T 4456.4—2002 机械制图 图样画法 图线<br>GB/T 17450—1998 技术制图 图线<br>GB/T 18229—2000 CAD 工程制图规则 |

### 任务实施

#### 第 1 步 创建图层

**1. 打开"图层特性管理器"对话框**

打开"图层特性管理器"对话框的方法:

绘制简单图形(1)

① 命令行：输入"la"(layer)。

② 功能区：单击"默认"选项卡"图层"面板中的按钮 ，如图3-5-2(a)所示。

③ 菜单栏：单击菜单栏【格式】|【图层】，如图3-5-2(b)所示。

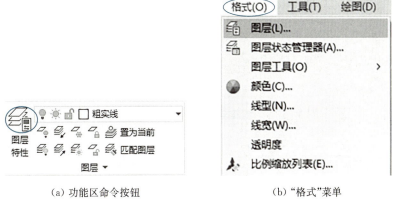

(a) 功能区命令按钮　　　　　　(b) "格式"菜单

图3-5-2　打开"图层特性管理器"

AutoCAD弹出【图层特性管理器】对话框，此时只有"0"层，如图3-5-3所示。

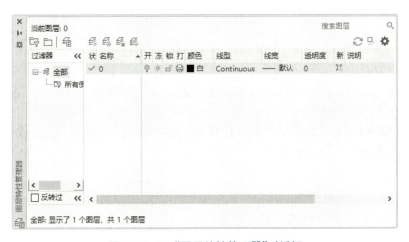

图3-5-3　"图层特性管理器"对话框

### 2. 新建粗实线图层

单击"新建图层"图标按钮　　，系统新建一个名为"图层1"的新图层，其他特性与0层相同。更改图层名为"粗实线"，颜色为"白色"，线宽为"0.5"，如图3-5-4所示。

### 3. 新建细点画线图层

① 单击"新建图层"图标按钮，系统新建一个名为"图层1"的新图层，其他特性与粗实线层相同。将图层名更改为"细点画线"，颜色为"红色"，线宽为"默认"，如图3-5-5所示。

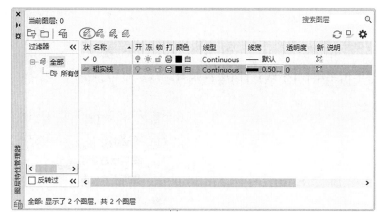

图 3-5-4　图层特性管理器—新建粗实线图层

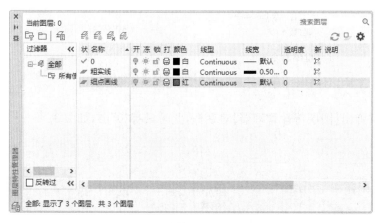

图 3-5-5　图层特性管理器—新建细点画线图层

② 单击细点画线层的【Continues】，弹出"选择线型"对话框，已加载的线型只有"Continuous"，如图 3-5-6 所示。

图 3-5-6　图层特性管理器—选择线型

③ 单击【加载】按钮，弹出"加载或重载线型"对话框，选择线型"CENTER"，如图 3-5-7 所示。

图 3-5-7 图层特性管理器—加载线型

④ 单击【确定】按钮,在"选择线型"对话框的"已加载线型"中添加的"CENTER"线型,如图 3-5-8 所示;选择"CENTER"线型,如图 3-5-9 所示,单击【确定】按钮,即更改了细点画线的线型为"CENTER",如图 3-5-10 所示。

图 3-5-8 图层特性管理器—已加载"CENTER"线型　图 3-5-9 图层特性管理器—选择"CENTER"线型

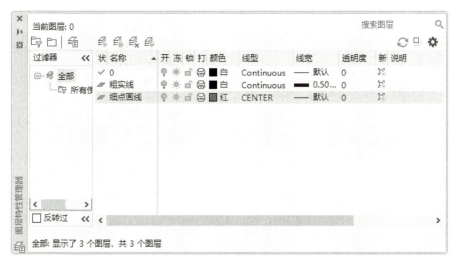

图 3-5-10 图层特性管理器—创建细点画线图层

⑤ 同上可创建细虚线、细实线等新图层,如图 3-5-11 所示。

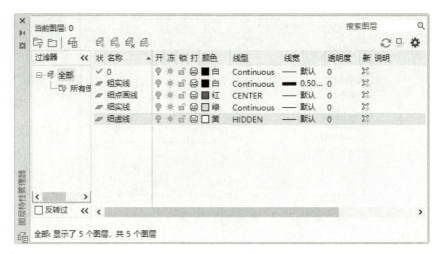

图 3-5-11　图层特性管理器—创建所需图层

**第 2 步　绘制图形**

将粗实线设置为当前图层。

**1. 用矩形命令绘制 80×100 的矩形**

执行"矩形"命令的方法：

① 命令行:输入"rec"(rectang)。

② 功能区:单击"默认"选项卡的"绘图"面板中的按钮 ▭,如图 3-5-12(a)所示。

③ 菜单栏:单击菜单栏【绘图】|【矩形】,如图 3-5-12(b)所示。

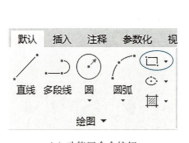

(a) 功能区命令按钮

(b) "绘图"菜单

图 3-5-12　执行"矩形"命令

AutoCAD 提示如下：

命令:_rectang

指定第一个角点或[倒角(C)/标高(E)/圆角(F)/厚度(T)/宽度(W)]:
（输入坐标"0,0",回车）
指定另一个角点或[面积(A)/尺寸(D)/旋转(R)]:@60,80　　（输入"60,80",回车）
完成矩形的绘制。

#### 2. 绘制长度为 60 的一组直线

**方法 1**　用直线命令绘制第一条线,如图 3-5-13 所示。将细实线设置为当前图层,执行直线命令。

命令:_line 指定第一点：（捕捉到粗实线的左端点,向下追踪到 270°极轴,输入"5",回车）
指定下一点或[放弃(U)]:60　　　　　　　　（向右追踪到 0°极轴,输入"60",回车）
回车,结束直线命令。按照此操作绘制细点画线、细虚线。

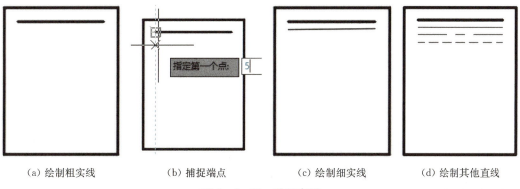

(a) 绘制粗实线　　(b) 捕捉端点　　(c) 绘制细实线　　(d) 绘制其他直线

图 3-5-13　绘制直线

**方法 2**　用偏移命令绘制一组平行线。执行"偏移"命令的方法：
① 命令行：输入"o"(offset)。
② 功能区：单击"默认"选项卡中"修改"面板的按钮 ,如图 3-5-14(a)所示。
③ 菜单栏：单击菜单栏【修改】|【偏移】,如图 3-5-14(b)所示。

(a) 功能区命令按钮　　　　(b) "修改"菜单

图 3-5-14　执行"偏移"命令

AutoCAD 提示如下：

命令:_offset

当前设置:删除源=否　图层=源　OFFSETGAPTYPE=0

指定偏移距离或[通过(T)/删除(E)/图层(L)]<通过>:5　　　　　　　（输入"5",回车）

选择要偏移的对象,或[退出(E)/放弃(U)]<退出>:　　　（选择第一条线,单击左键）

指定要偏移的那一侧上的点,或[退出(E)/多个(M)/放弃(U)]<退出>:

（在第一条线的下方单击左键）

选择要偏移的对象,或[退出(E)/放弃(U)]<退出>:　　　（选择第二条线,单击左键）

指定要偏移的那一侧上的点,或[退出(E)/多个(M)/放弃(U)]<退出>:

（在第二条线的下方单击左键）

选择要偏移的对象,或[退出(E)/放弃(U)]<退出>:　　　（选择第三条线,单击左键）

指定要偏移的那一侧上的点,或[退出(E)/多个(M)/放弃(U)]<退出>:

（在第三条线的下方单击左键）

选择要偏移的对象,或[退出(E)/放弃(U)]<退出>:　　　　　　　　　　　　（回车）

调整图线至相应图层,如图 3-5-15 所示。

（a）偏移

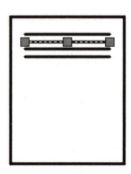
（b）选择直线

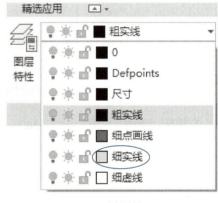
（c）更改图层

图 3-5-15　偏移命令绘制直线

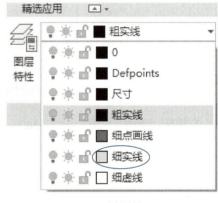

图 3-5-16　执行"线型"命令的方法

图中细点画线、细虚线显示比例不合适,需调整线型比例。执行"线型"比例命令的方法：

① 命令行:输入"linetype"。

② 菜单栏:单击菜单栏【格式】|【线型(N)…】,如图 3-5-16 所示。AutoCAD 弹出"线型管理器"对话框,单击【显示细节】按钮,如图 3-5-17(a)所示；修改详细信息中全局比例因子为 0.3,如图 3-5-17(b)所示,单击【确定】按钮。

线型比例调整前后对比,如图 3-5-18 所示。

(a) 单击【显示细节】　　　　　　　　(b) 调整全局比例因子

图 3‑5‑17　"线型管理器"对话框

(a) 调整前　　　　　　　　(b) 调整后

图 3‑5‑18　调整线型比例前后对比

绘制简单图形(3)

### 3. 绘制椭圆、正三角形

(1) 绘制椭圆执行"椭圆"命令的方法：

① 命令行：输入"el"(ellipse)。

② 功能区：单击"绘图"面板中的  按钮，如图 3‑5‑19(a)所示。

③ 菜单栏：单击菜单栏【绘图】|【椭圆】|【轴、端点(E)】，如图 3‑5‑19(b)所示。

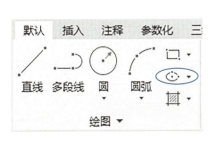 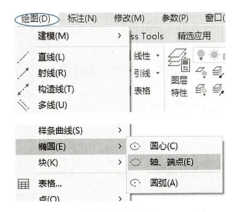

(a) 功能区命令按钮　　　　　　　　(b) "绘图"菜单

图 3‑5‑19　执行"椭圆"命令的方法

AutoCAD 提示如下：

命令：_ellipse

指定椭圆的轴端点或[圆弧(A)/中心点(C)]：

(捕捉到细虚线的左端点，沿着极轴向下拖动鼠标，在合适的位置单击左键，如图 3-5-20(a)所示)

指定轴的另一个端点：60　　　　　　　　　(向右追踪到 0°极轴，输入"60"，回车)

指定另一条半轴长度或[旋转(R)]：18　　　　　　　　　　　　(输入"18"，回车)

完成椭圆的绘制，如图 3-5-20(b)所示。

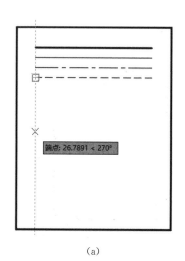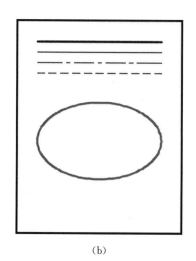

(a)　　　　　　　　　　　　　　　　　(b)

图 3-5-20　绘制椭圆

(2) 绘制中心线　将细点画线置为当前图层。

命令：_line

指定第一个点：

(捕捉到椭圆左端象限点，向左拖动鼠标，超出椭圆 2～5 mm 处单击左键，如图 3-5-21(a)所示)

指定下一点或[放弃(U)]：

　　　　　(向右拖动鼠标，超出椭圆 2～5 mm 处单击左键，如图 3-5-21(b)所示)

指定下一点或[放弃(U)]：　　　　　　　　　　　　　　　　　　　　(回车)

完成水平中心线的绘制。同样的方法绘制竖直中心线，如图 3-5-21(c)所示。

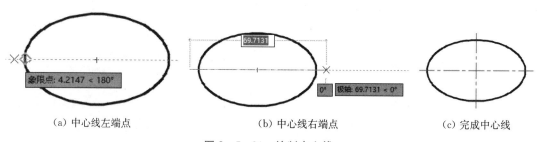

(a) 中心线左端点　　　　　(b) 中心线右端点　　　　　(c) 完成中心线

图 3-5-21　绘制中心线

(3) 绘制正三角形　首先将细实线置为当前图层,绘制正三角形的外接圆($\phi30$)。执行"圆"命令的方法:

① 命令行:输入"c"(circle)。

② 功能区:单击"绘图"面板中的按钮 ⊘,如图 3-5-22(a)所示。

③ 菜单栏:单击菜单栏【绘图】|【圆】,如图 3-5-22(b)所示。

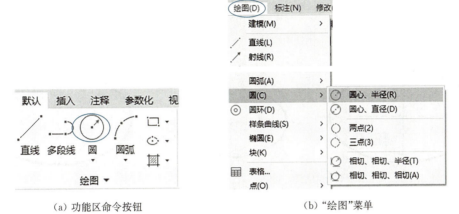

(a) 功能区命令按钮　　　　　　(b) "绘图"菜单

图 3-5-22　执行"圆"命令的方法

AutoCAD 提示如下:

命令:_circle

指定圆的圆心或[三点(3P)/两点(2P)/切点、切点、半径(T)]:

　　　　　　　　　　　　　　　　(捕捉到椭圆中心线的交点,单击左键)

指定圆的半径或[直径(D)]:15　　　　　　　　　　　(输入"15",回车)

完成圆的绘制。再将粗实线置为当前图层,绘制正三角形。执行"多边形"命令的方法:

① 命令行:输入"pol"(polygon)。

② 功能区:单击"绘图"面板中的按钮 ⬠,如图 3-5-23(a)所示。

③ 菜单栏:单击菜单栏【绘图】|【多边形】,如图 3-5-23(b)所示。

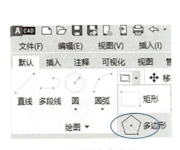

(a) 功能区命令按钮　　　　　　(b)【绘图】菜单

图 3-5-23　执行"多边形"命令的方法

AutoCAD 提示如下：

命令：_polygon 输入侧面数<4>：3　　　　　　　　　　　　　（输入"3"，回车）

指定正多边形的中心点或［边(E)］：　　（单击外接圆的圆心，如图 3-5-24(a)所示）

输入选项［内接于圆(I)/外切于圆(C)］<I>：I

　　　　　　　　　　　（单击"内接于圆"，如图 3-5-24(b)所示，或者输入"I"，回车）

指定圆的半径：15

（捕捉到外接圆的最上象限点，如图 3-5-24(c)所示，单击左键。或者输入"15"，回车）

完成正三角形的绘制。

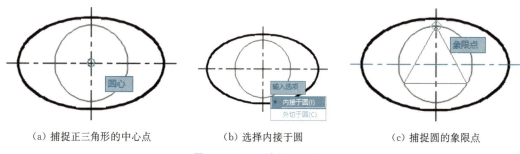

(a) 捕捉正三角形的中心点　　　(b) 选择内接于圆　　　(c) 捕捉圆的象限点

图 3-5-24　绘制正三角形

### 4. 用多段线绘制长圆形

执行"多段线"命令的方法：

① 命令行：输入"pl"(pline)。

② 功能区：单击"绘图"面板中的按钮 ，如图 3-5-25(a)所示。

③ 菜单栏：单击菜单栏【绘图】|【多段线】，如图 3-5-25(b)所示。

绘制简单图形(4)

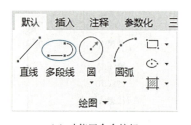

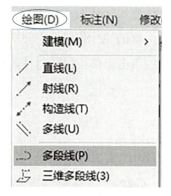

(a) 功能区命令按钮　　　　　　　　　　　(b)【绘图】菜单

图 3-5-25　执行"多段线"命令的方法

AutoCAD 提示如下：

命令：_pline

指定起点：

(捕捉到中心线的端点,向下拖动鼠标,追踪到270°极轴时,在合适的位置单击左键,如图3-5-26(a)所示)

当前线宽为 0.0000

指定下一个点或[圆弧(A)/半宽(H)/长度(L)/放弃(U)/宽度(W)]:22

(向右追踪到0°极轴,输入"22",如图3-5-26(b)所示,回车)

指定下一点或[圆弧(A)/闭合(C)/半宽(H)/长度(L)/放弃(U)/宽度(W)]:a

(输入"a",回车)

指定圆弧的端点(按住[Ctrl]键以切换方向)或
[角度(A)/圆心(CE)/闭合(CL)/方向(D)/半宽(H)/直线(L)/半径(R)/第二个点(S)/放弃(U)/宽度(W)]:16

(向下追踪到270°极轴,输入"16",如图3-5-26(c)所示,回车)

指定圆弧的端点(按住[Ctrl]键以切换方向)或
[角度(A)/圆心(CE)/闭合(CL)/方向(D)/半宽(H)/直线(L)/半径(R)/第二个点(S)/放弃(U)/宽度(W)]:l

(输入"L",回车)

指定下一点或[圆弧(A)/闭合(C)/半宽(H)/长度(L)/放弃(U)/宽度(W)]:44

(向左追踪到180°极轴,输入"44",如图3-5-26(d)所示,回车)

指定下一点或[圆弧(A)/闭合(C)/半宽(H)/长度(L)/放弃(U)/宽度(W)]:a

(输入"a",回车)

指定圆弧的端点(按住[Ctrl]键以切换方向)或
[角度(A)/圆心(CE)/闭合(CL)/方向(D)/半宽(H)/直线(L)/半径(R)/第二个点(S)/放弃(U)/宽度(W)]:16

(向上追踪到90°极轴,输入"16",如图3-5-26(e)所示,回车)

指定圆弧的端点(按住[Ctrl]键以切换方向)或
[角度(A)/圆心(CE)/闭合(CL)/方向(D)/半宽(H)/直线(L)/半径(R)/第二个点(S)/放弃(U)/宽度(W)]:cl

(输入"cl",回车)

完成外环的绘制,如图3-5-26(f)所示。用偏移的命令完成内环的绘制,如图3-5-26(g)所示。

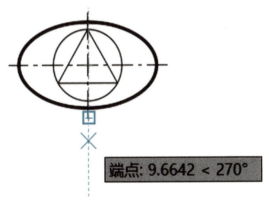

(a) 起点—捕捉端点

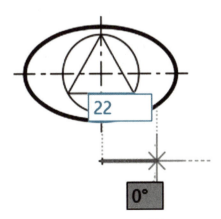

(b) 绘制长度22的直线

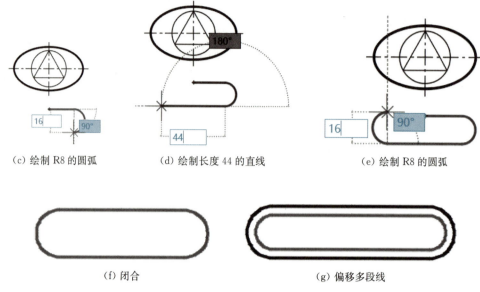

(c) 绘制 R8 的圆弧　　　(d) 绘制长度 44 的直线　　　(e) 绘制 R8 的圆弧

(f) 闭合　　　　　　　　　(g) 偏移多段线

图 3-5-26　绘制长圆形

用直线命令绘制对称中心线。

**第 3 步　全部显示图形**

**第 4 步　保存文件**

### 模仿练习

按照 1∶1 的比例绘制图 3-5-27 所示图形,不标注尺寸。

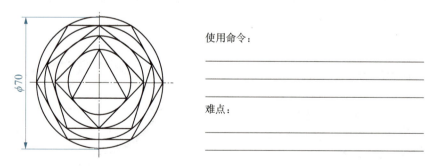

使用命令：

难点：

图 3-5-27　绘制圆内接正多边形

### 实践创新

查阅资料,设计含有圆、正多边形的图形,用到圆、多边形、多段线命令。

心得体会:
_____
_____
_____
_____

❖ 常见问题

AutoCAD 中默认线宽是多少？如何查看？是否能修改默认线宽？

AutoCAD 中默认线宽是 0.25mm，常用的查看默认线宽的方式如下：

① 命令行：输入"lw"(lweight)。
② 状态栏：在线宽按钮上右键，如图 3‑5‑28(a)所示。
③ 菜单栏：单击菜单栏【格式】|【线宽】，如图 3‑5‑28(b)所示。
④ 菜单栏：单击菜单栏【工具】|【选项】|【用户系统配置】|【线宽设置】，如图 3‑5‑28(c)所示。

(a) 状态栏【线宽】

(b) "菜单"格式

(c)【工具】|【选项】|【用户系统配置】

图 3‑5‑28 执行"线宽设置"的方法

执行线宽的命令,弹出"线宽设置"对话框,如图3-5-29所示,可以查看到默认线宽是0.25mm,在此对话框中可以修改默认线宽。

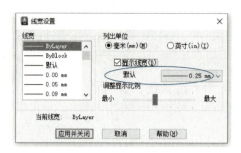

图 3-5-29 "线宽设置"对话框

### 操作技巧

1. 快速绘制长圆形的方法

除了用多段线绘制长圆形,还可以用下面的方法绘制:

(1) 绘制两条平行线如图3-5-30(a)所示。

(2) 圆角命令圆角半径为16,如图3-5-30(b)所示。

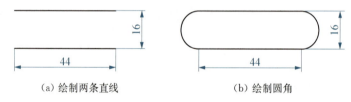

(a) 绘制两条直线　　　　　　(b) 绘制圆角

图 3-5-30 快速绘制长圆形

2. 如何快速绘制中心线

可以用直线的命令绘制中心线,也可以用以下方法绘制:

(1) 圆的中心线命令行输入"cm"(centermark),回车,单击圆,即完成圆的中心线的绘制。

(2) 平行线间的中心线命令行输入"cl"(centerline),回车,先后单击平行的两条直线,即完成平行线间的中心线的绘制。

### 拓展训练

按照1∶1的比例绘制下列图形,不标注尺寸。

1.

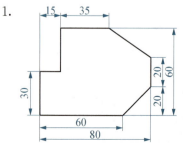

使用命令:
_____
_____

难点:
_____
_____

2.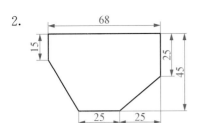

使用命令：
_____
_____
_____

难点：
_____
_____

3.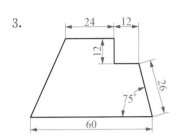

使用命令：
_____
_____
_____

难点：
_____
_____

4.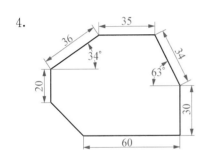

使用命令：
_____
_____
_____

难点：
_____
_____

5.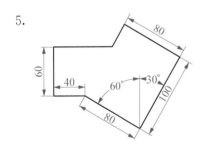

使用命令：
_____
_____
_____

难点：
_____
_____

6.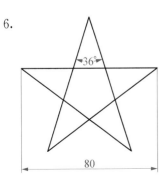

使用命令：
_____
_____
_____

难点：
_____
_____

7.

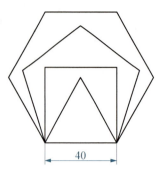

使用命令：
_____
_____
_____

难点：
_____
_____
_____

### 技能拔高

按照 1∶1 的比例绘制下列图形，不标注尺寸。

1.

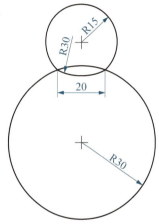

使用命令：
_____
_____
_____

难点：
_____
_____
_____

2.

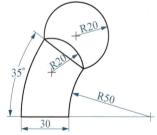

使用命令：
_____
_____
_____

难点：
_____
_____
_____

### 项目小结

| 项目使用命令 | | | |
|---|---|---|---|
| 序号 | 命令名称 | 完整 | 快捷 |
| 1 | 直线 | Line | L |
| 2 | | | |
| 3 | | | |

续 表

| 序号 | 命令名称 | 完整 | 快捷 |
|---|---|---|---|
| 4 | | | |
| 5 | | | |
| 6 | | | |
| 7 | | | |
| 8 | | | |
| 9 | | | |
| 10 | | | |
| 11 | | | |
| 12 | | | |
| … | | | |

## 考核评价

| 自我评价 | | | |
|---|---|---|---|
| 评价项目 | 评价等级（在合适的等级内打"√"） | | |
| | 熟练掌握 | 基本掌握 | 未掌握 |
| 缩放显示 | | | |
| 图形界限设置 | | | |
| 直角坐标的输入 | | | |
| 极坐标的输入 | | | |
| 草图设置 | | | |
| 直线 | | | |
| 多段线 | | | |
| 圆 | | | |
| 圆弧 | | | |
| 矩形 | | | |
| 椭圆 | | | |
| 偏移 | | | |
| 图层的创建与使用 | | | |
| 综合评价 | A：100～90； B：89～80； C：79～70； D：69～60； E：59～0 □A □B □C □D □E | | |

续 表

| 未掌握原因及改进措施 | |
|---|---|

| 小组评价 ||
|---|---|
| 评价项目 | 评价等级（在合适的等级内打"√"）<br>A:100～90； B:89～80； C:79～70； D:69～60； E:59～0 |
| 学习能力 | □A　　□B　　□C　　□D　　□E |
| 实践创新 | □A　　□B　　□C　　□D　　□E |
| 工程素养 | □A　　□B　　□C　　□D　　□E |
| 协作互助 | □A　　□B　　□C　　□D　　□E |
| 综合评价 | □A　　□B　　□C　　□D　　□E |
| 教师评价 ||
| 评价项目 | 评价等级（在合适的等级内打"√"）<br>A:100～90； B:89～80； C:79～70； D:69～60； E:59～0 |
| 任务实施 | □A　　□B　　□C　　□D　　□E |
| 模仿练习 | □A　　□B　　□C　　□D　　□E |
| 拓展训练 | □A　　□B　　□C　　□D　　□E |
| 技能拔高 | □A　　□B　　□C　　□D　　□E |
| 实践创新 | □A　　□B　　□C　　□D　　□E |
| 学习能力 | □A　　□B　　□C　　□D　　□E |
| 实践创新 | □A　　□B　　□C　　□D　　□E |
| 工程素养 | □A　　□B　　□C　　□D　　□E |
| 团队协作 | □A　　□B　　□C　　□D　　□E |
| 综合评价 | □A　　□B　　□C　　□D　　□E |

# 项目四　绘制平面图形

本项目通过4个任务学习AutoCAD"默认"选项卡中"绘图""修改""注释"面板中的各种命令的使用方法,学会"草图设置"的设置与使用,学会文字样式和标注样式的设置,能够正确标注平面图形中的尺寸。通过模仿练习,能够绘制各种平面图形;通过实践创新栏目训练,学会解决问题,培养创新思维;通过拓展训练和技能拔高栏目,提高绘图技能和挑战自我。绘制的图样是指导生产加工的,必须正确,因此要严谨认真、精益求精地对待每一幅图,要有工程意识、质量意识、成本意识。

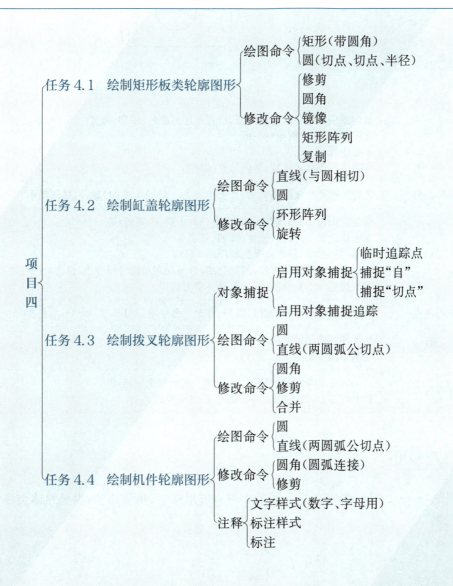

## 任务 4.1 ▶ 绘制矩形板类轮廓图形

### 🔽 工作任务

在教师的指导下,完成图 4-1-1 所示矩形板类轮廓的绘制任务。具体要求见表 4-1-1 工作任务单。

表 4-1-1 工作任务单

| 任务介绍 | 在教师的指导下,完成图 4-1-1 矩形板类轮廓的绘制任务 |
|---|---|
| 任务要求 | 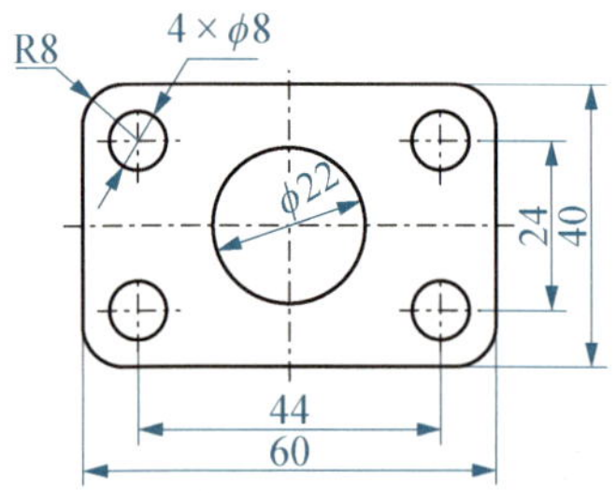 <br>图 4-1-1 矩形板类轮廓图形<br><br>新建图层:粗实线、细点画线,设置图层的颜色、线型、线宽<br>按照 1∶1 的比例绘制图形<br>不标注尺寸<br>保存文件前显示线宽,使图形充满屏幕 |
| 绘图工具 | 多媒体教师机或网络机房,计算机每人一套,AutoCAD 软件(最新版本) |
| 学习目标 | 学会绘图命令:圆(切点、切点、半径)、矩形(带圆角)等<br>学会修改命令:修剪、镜像、阵列、复制等<br>能够利用绘图、修改命令绘制图形<br>能够运用多种绘图方法,对比总结,分析确定最优绘图方法,提高绘图速度<br>养成快速学习新技能的习惯,具备学习能力 |
| 学习重点 | 能够熟练应用修剪、镜像、阵列、复制等命令绘制图形 |
| 学习难点 | 矩形阵列命令的使用<br>绘制带圆角的矩形 |
| 参考标准 | 1. GB/T 14689—2008 技术制图 图纸幅面和格式<br>2. GB/T 18229—2000 CAD 工程制图规则 |

### ⚙ 工程应用

如图 4-1-2 所示,常见的矩形板类零件有方形法兰、矩形法兰,也是箱体类零件上常见的结构。

图 4-1-2 矩形板类零件

## 任务实施

绘制矩形板类轮廓(1)

**第1步 绘制图形外轮廓**

绘制图形外轮廓如图 4-1-3 所示。

**1. 方法一 矩形(rectang)+圆(circle)+修剪(trim)命令**

(1) 绘制"60×40"的矩形 用"rectang"命令完成,而不是用直线"line"命令完成,如图 4-1-4 所示。

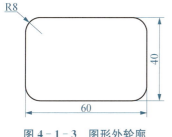  

图 4-1-3 图形外轮廓　　图 4-1-4 绘制矩形　　图 4-1-5 绘制圆

(2) 绘制 φ6 的圆 用"circle"命令中"切点、切点、半径(T)"来完成,如图 4-1-5 所示。
(3) 用"修剪"命令完成图形编辑 执行"修剪"命令的方法:
① 命令行:输入"tr"(trim)。
② 功能区:单击"修改"面板中的按钮 ,如图 4-1-6(a)所示。
③ 菜单栏:单击菜单栏【修改】|【修剪】,如图 4-1-6(b)所示。

(a) 功能区命令按钮　　　　　　　　(b) "修改"菜单

图 4-1-6 执行"修剪"命令的方法

AutoCAD 提示如下：

命令：_trim

当前设置：投影＝UCS，边＝无，模式＝快速

选择要修剪的对象，或按住[Shift]键选择要延伸的对象或

[剪切边(T)/窗交(C)/模式(O)/投影(P)/删除(R)]：

（单击被剪掉的对象，如图 4－1－7(a)所示）

选择要修剪的对象，或按住[Shift]键选择要延伸的对象或

[剪切边(T)/窗交(C)/模式(O)/投影(P)/删除(R)/放弃(U)]：

（重复单击被剪掉的对象，直到全部修剪完成，结束命令，如图 4－1－7(b)所示）

完成图形绘制。

（a）修剪圆弧　　　　　　　　　　　　（b）完成修剪

图 4－1－7　修剪图形

## 2. 方法二　矩形(rectang)＋圆角(fillet)命令

（1）用矩形的命令绘制　"60×40"的矩形

（2）用圆角的命令绘制圆角　执行"圆角"命令的方法：

① 命令行：输入"f"(fillet)。

② 功能区：单击"修改"面板中的按钮 ▭，如图 4－1－8(a)所示。

③ 菜单栏：单击菜单栏【修改】|【圆角】，如图 4－1－8(b)所示。

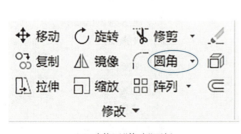

（a）功能区"修改"面板　　　　　　　　（b）"修改"菜单

图 4－1－8　执行"圆角"命令的方法

AutoCAD 提示如下：

命令：_fillet

当前设置：模式＝修剪，半径＝0.0000

选择第一个对象或[放弃(U)/多段线(P)/半径(R)/修剪(T)/多个(M)]：r

（需要更改圆角半径，输入"R"，回车）

指定圆角半径<0.0000>：8　　　　　　　　　　　　　　　（输入"8"，回车）

选择第一个对象或[放弃(U)/多段线(P)/半径(R)/修剪(T)/多个(M)]：p

（矩形为多段线，输入"P"，回车）

选择二维多段线或[半径(R)]：　　　　　　　　　　　　　　　（单击矩形）

完成图形绘制。

### 3. 方法三　矩形(带圆角)命令

执行矩形命令，AutoCAD 提示如下：

命令：_rectang

指定第一个角点或[倒角(C)/标高(E)/圆角(F)/厚度(T)/宽度(W)]：f

（输入"f"，回车）

指定矩形的圆角半径<0.0000>：8　　　　　　　　　　　（输入"8"，回车）

指定第一个角点或[倒角(C)/标高(E)/圆角(F)/厚度(T)/宽度(W)]：

（绘图区单击左键）

指定另一个角点或[面积(A)/尺寸(D)/旋转(R)]：@60,40　　（输入"60,40"回车）

完成图形绘制。

### 第 2 步　绘制一个 φ8 的圆

执行圆命令，AutoCAD 提示如下：

命令：_circle

指定圆的圆心或[三点(3P)/两点(2P)/切点、切点、半径(T)]：

（单击圆弧的圆心，如图 4-1-9(a)所示）

指定圆的半径或[直径(D)]：4　　　　（输入"4"，回车，如图 4-1-9(b)所示）

执行直线命令，绘制 φ8 圆的对称中心线，更改至细点画线图层，调整其线型比例，如图 4-1-9(c)所示。

绘制矩形板类轮廓(2)

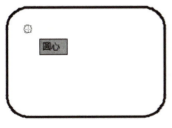
(a) 捕捉圆心

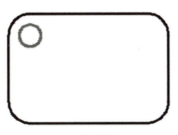
(b) 绘制圆

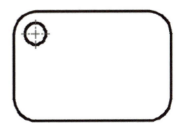
(c) 绘制小圆对称中心线

图 4-1-9　绘制圆及其对称中心线

## 第3步  绘制另外三个 $\phi 8$ 的圆

### 1. 方法一  镜像

执行"镜像"命令的方法：

① 命令行:输入"mi"(mirror)。

② 功能区:单击"修改"面板中的按钮 ，如图 4-1-10(a)所示。

③ 菜单栏:单击菜单栏【修改】|【镜像】,如图 4-1-10(b)所示。

(a) 功能区命令按钮

(b) "修改"菜单

图 4-1-10  执行"镜像"命令的方法

AutoCAD 提示如下：

命令:_mirror

选择对象:指定对角点:找到 3 个　　　　　　　　　　　　　　　(单击圆和对称中心线)

选择对象：  指定镜像线的第一点:_mid 于

　　　　　　　　　　　　　(单击矩形上面一条边的中点,如图 4-1-11(a)所示)

指定镜像线的第二点：

　　　　　　　　(由第一点向下追踪,追踪线任意位置单击左键,如图 4-1-11(b)所示)

要删除源对象吗？[是(Y)/否(N)]<否>：　　　　(系统默认不删源对象,回车)

完成第一次镜像,如图 4-1-11(c)。

(a) 拾取镜像线第一个点

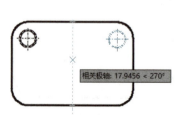
(b) 拾取镜像线第二个点

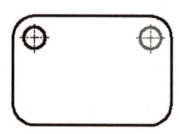
(c) 完成一次镜像

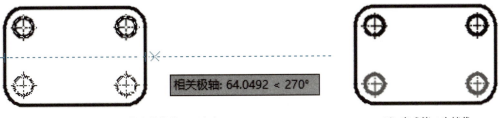

(c) 拾取镜像线上两个点　　　　　　　　(d) 完成第二次镜像

图 4-1-11　镜像图形

回车重复镜像命令,同上述方法,镜像下面两个小圆和对称中心线,如图 4-1-11(c)、(d)所示。

### 2. 方法二阵列

执行"矩形阵列"命令的方法:

① 命令行:输入"arrayrect"。

② 功能区:单击"修改"面板中的按钮 ,如图 4-1-12(a)所示。

③ 菜单栏:单击菜单栏【修改】|【阵列】|【矩形阵列】,如图 4-1-12(b)所示。

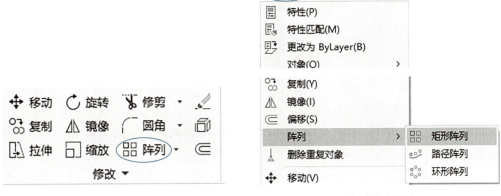

(a) 功能区命令按钮　　　　　　　　(b) "修改"菜单

图 4-1-12　执行"矩形阵列"命令的方法

AutoCAD 提示如下:

命令:_arrayrect

选择对象:指定对角点:找到 3 个　　　　　　　　　　(单击圆和对称中心线)

选择对象:　　　　　　　　　　(右键或者空格键或者回车,结束对象选择)

弹出"矩形阵列"可视化面板,修改列数、行数、介于等参数,如图 3-5-13 所示,关闭阵列,完成 3 个圆的绘制。

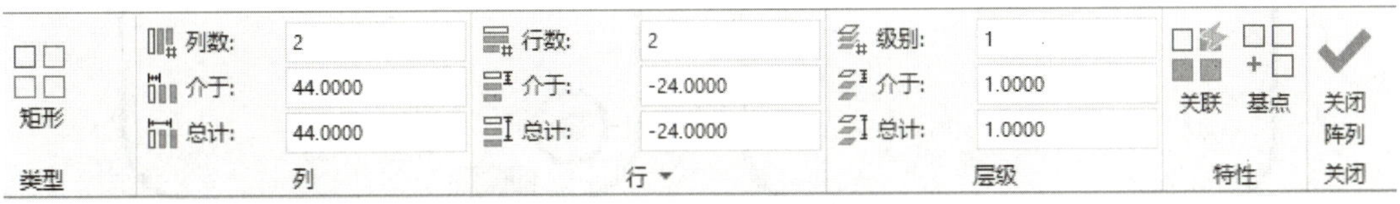

| 矩形 | 列数: | 2 | 行数: | 2 | 级别: | 1 | | | |
|---|---|---|---|---|---|---|---|---|---|
| | 介于: | 44.0000 | 介于: | -24.0000 | 介于: | 1.0000 | 关联 | 基点 | 关闭阵列 |
| | 总计: | 44.0000 | 总计: | -24.0000 | 总计: | 1.0000 | | | |
| 类型 | 列 | | 行 ▼ | | 层级 | | 特性 | | 关闭 |

图 4-1-13　"矩形阵列"可视化面板

### 3. 方法三　复制

执行"复制"命令的方法：

① 命令行：输入"co"(copy)。

② 功能区：单击"修改"面板中的按钮 ，如图4-1-14(a)所示。

③ 菜单栏：单击菜单栏【修改】|【复制】，如图4-1-14(b)所示。

(a) 功能区命令按钮

(b) "修改"菜单

图4-1-14　执行"复制"命令的方法

**AutoCAD 提示如下：**

命令：_copy

选择对象：指定对角点：找到 3 个　　　　　　　　　　　　(单击圆和对称中心线)

选择对象：　　　　　　　　　　　(右键或者空格键或者回车，结束对象选择)

当前设置：　复制模式=多个

指定基点或[位移(D)/模式(O)]<位移>：　(单击圆的圆心，如图4-1-15(a)所示)

指定第二个点或[阵列(A)]<使用第一个点作为位移>：

　　　　　　　　(在要复制圆的位置单击圆弧的圆心，如图4-1-15(b)所示)

指定第二个点或[阵列(A)/退出(E)/放弃(U)]<退出>：

　　　　　　　　(在要复制圆的位置单击圆弧的圆心，如图4-1-15(c)数一数)

指定第二个点或[阵列(A)/退出(E)/放弃(U)]<退出>：

　　　　　　　　(在要复制圆的位置单击圆弧的圆心，如图4-1-15(d)所示)

指定第二个点或[阵列(A)/退出(E)/放弃(U)]<退出>：

　　　　　　　　　　　　(右键或者空格键或者回车，结束复制命令)

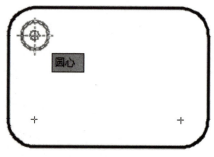
(a) 指定基点

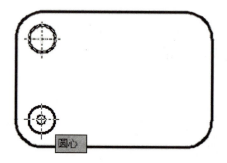
(b) 指定第二个点

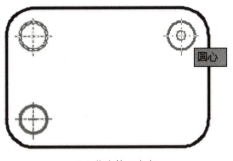
(c) 指定第三个点

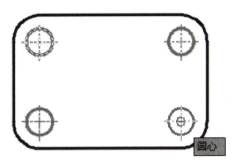
(d) 指定第四个点

图 4-1-15  复制图形

第 4 步  绘制对称中心线

第 5 步  绘制 ϕ22 的圆

### 模仿练习

按照 1∶1 比例绘制图 4-1-16 平面图形,不标注尺寸。

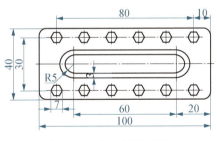

图 4-1-16  绘制图形

要求:图表正确。
查询:正六边形的边长,精确到小数点后 4 位。

使用命令:
_____
_____
_____

难点:
_____
_____

### 实践创新

查阅资料,设计含直线、圆弧、矩形、正多边形的图形,能够用到直线、矩形、多边形、圆角、修剪、镜像、复制等命令。

心得体会:
_____
_____
_____
_____

## 任务 4.2 ▶ 绘制缸盖轮廓图形

### 工作任务

在教师的指导下,完成图 4-2-1 所示缸盖轮廓图的绘制任务。具体要求见表 4-2-1 工作任务单。

表 4-2-1 工作任务单

| 任务介绍 | 在教师的指导下,完成缸盖轮廓图形的绘制任务 |
|---|---|
| 任务要求 | 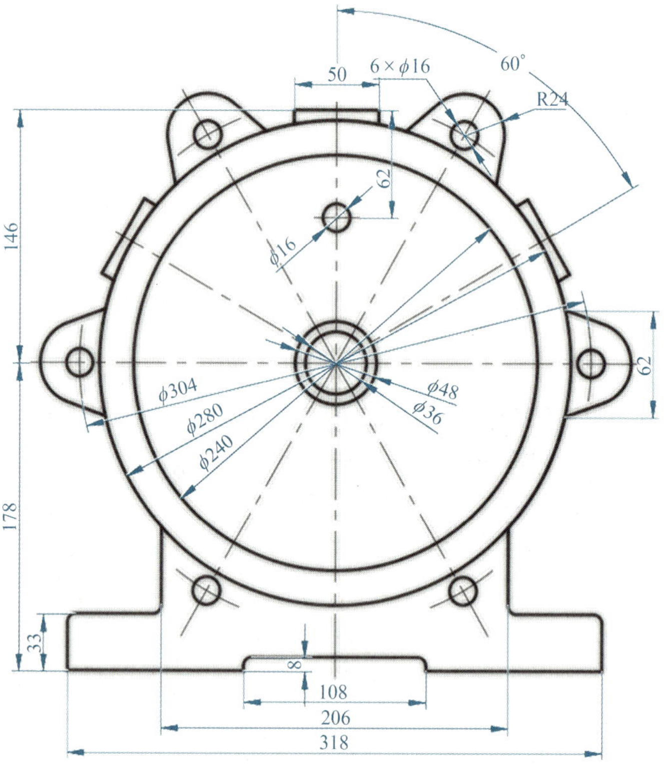 <br>图 4-2-1 缸盖轮廓图形<br>绘制图框、标题栏(A4 图幅竖放)<br>按 1∶2 的比例绘制缸盖轮廓图形<br>不同线型的图线放在不同的图层<br>布图合理 |
| 绘图工具 | 多媒体教师机或网络机房,计算机每人一套,AutoCAD 软件(最新版本) |
| 学习目标 | 能够利用环形阵列绘制填充任意角度的图形<br>能够利用环形阵列命令设计图案<br>养成标准化意识、责任意识和工程意识<br>养成精益求精的职业素养<br>养成快速学习新技能的习惯,具备学习能力 |

续　表

| 学习重点 | 合理使用环形阵列的命令完成各种图形的绘制任务 |
|---|---|
| 学习难点 | 环形阵列命令中选择"填充角度""旋转项目""方向"的使用 |
| 参考标准 | |

### 工程应用

缸盖是风动固定气缸的主要零件之一,如图4-2-2所示。风动固定气缸是机床夹紧装置的部件,由活塞、密封装置、气缸体、缸盖等组成。其工作过程:压缩空气从盖中央孔进如气缸右侧,推动活塞向右移动。这时,缸体左侧的空气从盖的侧孔排出。拉杆与夹具相连,工件被夹紧。当压缩空气从盖进到缸体左侧时,活塞右移,工件被松开。

图4-2-2　缸盖的应用

### 任务实施

**第1步**　新建粗实线、细实线、细点画线等图层

**第2步**　按照尺寸绘制如图4-2-3所示图线

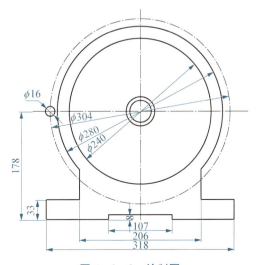

图4-2-3　绘制圆

### 第3步 用"环形阵列"的命令绘制 6×φ16 的圆

执行"环形阵列"命令的方法：

① 命令行：输入"arraypolar"。

② 功能区：单击"修改"面板中的按钮 ，如图 4-2-4(a)所示。

③ 菜单栏：单击菜单栏【修改】|【阵列】|【环形阵列】，如图 4-2-4(b)所示。

(a) 功能区命令按钮

(b) "修改"菜单

图 4-2-4 执行"环形阵列"命令的方法

AutoCAD 提示如下：

命令：_arraypolar

选择对象：找到 2 个　　　　　　　　（单击 φ16 的圆和两条中心线，如图 4-2-5(a)所示）

选择对象：　　　　　　　　　　　　　（右键或者空格键或者回车，结束对象选择）

类型＝极轴　关联＝否

指定阵列的中心点或［基点(B)/旋转轴(A)］：　　　　　　　　　（单击 φ304 的圆心）

选择夹点以编辑阵列或［关联(AS)/基点(B)/项目(I)/项目间角度(A)/填充角度(F)/行(ROW)/层(L)/旋转项目(ROT)/退出(X)］＜退出＞：

在命令行输入修改的选项或者在可视化面板中修改，单击"关联"，将"关联"关闭，单击"关闭阵列"。完成 6×φ16 圆的绘制，如图 4-2-5(b)所示。

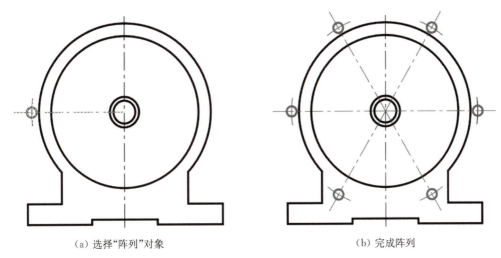

(a) 选择"阵列"对象　　　　　　　　(b) 完成阵列

图 4-2-5　绘制 φ16 的圆

### 第 4 步　绘制 R24 圆弧及相切直线

(1) 绘制 R24 圆弧及相切的直线　按照尺寸绘制最左侧的 R24 圆弧及两条相切的直线,如图 4-2-6 所示。

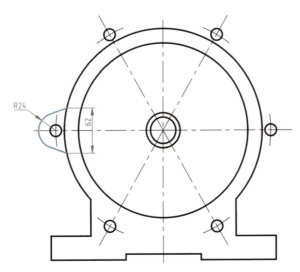

图 4-2-6　绘制 R24 圆弧及相切直线

(2) 阵列　利用环形阵列命令,选择阵列对象"R24 圆弧及相切直线",在可视化面板中修改项目数 4,填充 180,方向顺时针,关闭"关联",如图 4-2-7 所示。

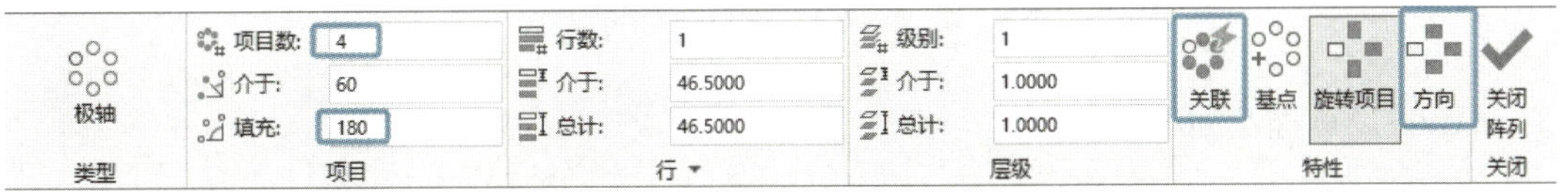

| 类型 | 项目 | | | 行 ▼ | | | 层级 | | | 特性 | | | 关闭 |
|---|---|---|---|---|---|---|---|---|---|---|---|---|---|
| 极轴 | 项目数: | 4 | | 行数: | 1 | | 级别: | 1 | | 关联 | 基点 | 旋转项目 方向 | 关闭阵列 |
| | 介于: | 60 | | 介于: | 46.5000 | | 介于: | 1.0000 | | | | | |
| | 填充: | 180 | | 总计: | 46.5000 | | 总计: | 1.0000 | | | | | |

图 4-2-7　"环形阵列"可视化面板

**第 5 步　绘制上方 50 mm 直线和 φ16 的圆**

(1) 绘制图形　按照定位尺寸和定形尺寸绘制图形，如图 4-2-8 所示。

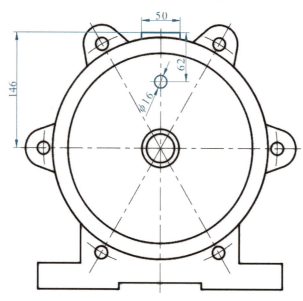

图 4-2-8　绘制上方 50 mm 直线和 φ16 的圆

(2) 旋转图形　执行"旋转"命令的方法：
① 命令行：输入"ro"(rotate)。
② 功能区：单击"修改"面板中的按钮 ，如图 4-2-9(a)所示。
③ 菜单栏：单击菜单栏【修改】|【旋转】，如图 4-2-9(b)所示。

(a) 功能区命令按钮　　　　　　(b) "修改"菜单

图 4-2-9　执行"旋转"命令的方法

AutoCAD 提示如下：

命令：_rotate

UCS 当前的正角方向： ANGDIR＝逆时针　ANGBASE＝0

选择对象:找到1个                                （单击直线）
选择对象:找到3个,总计4个                        （单击其他直线）
选择对象:                                      （右键或者空格键或者回车,结束对象选择）
指定基点:                                      （单击φ280的圆心,如图4－2－10(a)所示）
指定旋转角度,或[复制(C)/参照(R)]<0>:C           （输入"C",回车）
旋转一组选定对象。
指定旋转角度,或[复制(C)/参照(R)]<0>:60          （输入"60",回车）

将图形逆时针旋转(且复制)60°,如图4－2－10(b)所示。重复旋转命令,将图形顺时针旋转(且复制)60°,如图4－2－10(c)所示。

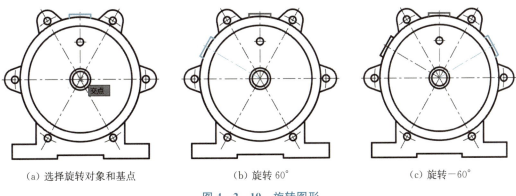

(a) 选择旋转对象和基点　　　　(b) 旋转60°　　　　(c) 旋转－60°

图4－2－10　旋转图形

### 第6步　绘制未注圆角R3～5

用圆角命令,绘制未注圆角R3～5,如图4－2－11所示。

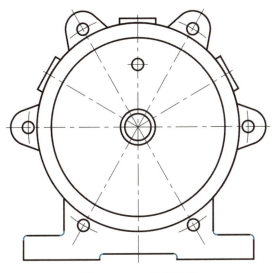

图4－2－11　绘制圆角

### 第8步　图形充满屏幕,保存图形

## 模仿练习

按照1:1的比例绘制图4-2-12中止推垫片的轮廓图形,不标注尺寸。

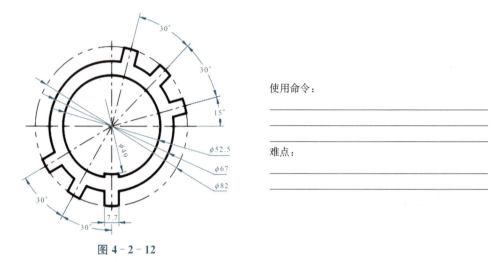

使用命令：_____
_____
_____

难点：_____
_____

图 4-2-12

## 任务 4.3 ▶ 绘制拨叉轮廓图形

### 工作任务

在教师的指导下,完成图4-3-1所示拨叉轮廓图形的绘制任务。具体要求见表4-3-1工作任务单。

表 4-3-1 工作任务单

| 任务介绍 | 在教师的指导下,完成拨叉廓图形的绘制任务 |
|---|---|
| 任务要求 | 图 4-3-1 拨叉轮廓图形<br>新建图层:粗实线、细实线、细点画线,设置图层的颜色、线型、线宽<br>正确绘制图形,不标注尺寸<br>保存文件前显示线宽,使图形充满屏幕 |

续　表

| 绘图工具 | 多媒体教师机或网络机房，计算机每人一套，AutoCAD软件（最新版本） |
|---|---|
| 学习目标 | 学会对象捕捉工具的合理使用<br>学会临时追踪点的使用<br>学会捕捉"自"的使用<br>能够熟练绘制两圆的公切线、圆弧连接<br>养成严谨认真的绘图习惯，培养创新思维 |
| 学习重点 | 利用绘图、修改命令绘制平面图形 |
| 学习难点 | 对象捕捉"临时追踪点"的使用<br>对象捕捉"自"的使用<br>对象捕捉"切点"的使用 |
| 参考标准 | GB/T 18229—2000　CAD工程制图规则 |

## 工程应用

如图4-3-2所示，机床上的拨叉是用于变速的，主要用在操纵机构中，把两个咬合的齿轮拨开来，再把其中一个可在轴上滑动的齿轮拨到另外一个齿轮上，以获得另一个速度，即改变车床滑移齿轮的位置，实现变速。

图4-3-2　拨叉

## 任务实施

新建粗实线、细实线、细点画线。按照以下步骤绘图：

### 第1步　绘制基准线和已知线段

**1. 方法一**

按照定位尺寸绘制基准线，如图4-3-3所示。然后按照定形尺寸绘制3个同心圆，如图4-3-4所示。

绘制拨叉轮廓(1)

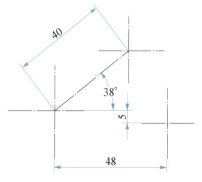

图4-3-3　绘制基准线

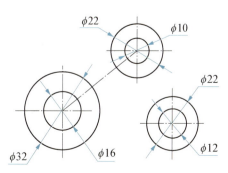

图4-3-4　绘制同心圆和直线

## 2. 方法二

(1) 绘制 φ16 和 φ32 的同心圆　按照定形尺寸(φ16、R16)绘制 φ16 和 φ32 的同心圆,如图 4-3-5 所示。

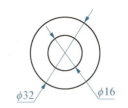

图 4-3-5　绘制同心圆

(2) 绘制 φ12 和 φ22 的同心圆　按照定位尺寸(48、5)和定形尺寸(φ12、φ22)绘制 φ12 和 φ22 的同心圆。重复圆的命令,系统提示如下:

命令:_circle

指定圆的圆心或[三点(3P)/两点(2P)/切点、切点、半径(T)]:tt

(输入"tt",回车,启用临时追踪点;或者按[Ctrl]或[Shift]+右键,弹出"对象捕捉"快捷菜单,单击"临时追踪点",如图 4-3-6(a)所示)

指定临时对象追踪点:48

(如图 4-3-6(b)所示,光标捕捉到 φ16 的圆心后向右拖动鼠标,出现 0°极轴时,输入水平方向定位尺寸"48",回车)

指定圆的圆心或[三点(3P)/两点(2P)/切点、切点、半径(T)]:5

(如图 4-3-6(c)所示,向上拖动鼠标,上个临时追踪点出现 90°极轴时,输入竖直方向定位尺寸"5",回车)

指定圆的半径或[直径(D)]:6　　　　　(输入半径"6",如图 4-3-6(d)所示,回车)

完成 φ16 圆的绘制。

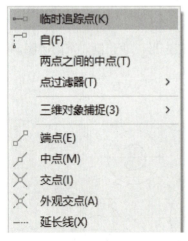

(a) 启用"临时追踪点"

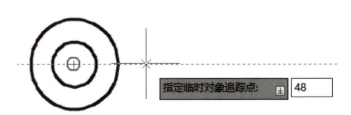

(b) 捕捉到圆心之后,输入水平方向定位尺寸 48

(c) 输入竖直方向定位尺寸 5　　　　　　　(d) 输入半径 6

图 4-3-6　绘制 φ12 的圆

重复圆命令,绘制 φ12 的同心圆 φ22,完成如图 4-3-7 所示图形。

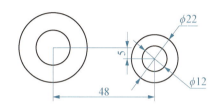

图 4-3-7　完成 φ12 和 φ22 同心圆的绘制

(3) 绘制 φ10 和 φ22 的同心圆　重复圆的命令,绘制 φ10 的圆。

命令:_circle

指定圆的圆心或[三点(3P)/两点(2P)/切点、切点、半径(T)]:_from 基点:<偏移>:(输入"from",回车,启用自已知点偏移;或者按[Ctrl]或[Shift]+右键,弹出"对象捕捉"快捷菜单,单击"自",如图 4-3-8(a)所示)

>>输入 ORTHOMODE 的新值<0>:

（单击 φ16 的圆心,输入"@40<38",如图 4-3-8(b)所示,回车）

正在恢复执行 CIRCLE 命令。)

<偏移>:@40<38

指定圆的半径或[直径(D)]<5.0000>:5　（输入半径"5",如图 4-3-8(c)所示,回车）

完成 φ10 圆的绘制,如图 4-3-8(d)所示。

　　　　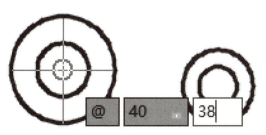

(a) 启用"自(F)"　　　　　　　　　　(b) 单击 φ16 的圆心,输入"@40<38"

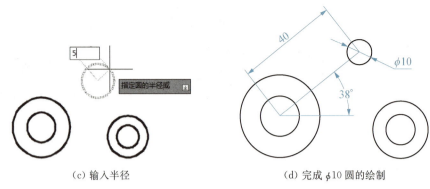

（c）输入半径　　　　　　　　（d）完成 φ10 圆的绘制

图 4-3-8　绘制 φ10 的圆

重复圆命令，绘制 φ10 的同心圆 φ22。用直线命令绘制基准线，完成如图 4-3-9 所示图形。

由定位尺寸(9)绘制直线，修剪圆，如图 4-3-10 所示。

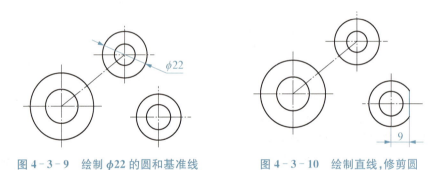

图 4-3-9　绘制 φ22 的圆和基准线　　　　图 4-3-10　绘制直线，修剪圆

### 第 2 步　绘制连接线段

（1）绘制 R8 圆弧　用直线命令绘制两圆公切线，用圆角命令绘制 R8 圆弧，如图 4-3-11 所示。

绘制拨叉轮廓(2)

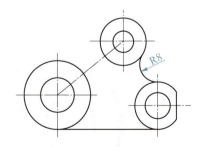

图 4-3-11　绘制 R8 的圆弧

（2）绘制 φ32 和 φ22 圆的公切线　系统提示如下：

命令:_line

指定第一个点:_tan 到

(按[Ctrl]或[Shift]＋右键,弹出"对象捕捉"快捷菜单,单击切点,如图4-3-12(a)所示。在第一个圆上单击第一个切点,如图4-3-12(b)所示)

指定下一点或[放弃(U)]:_tan 到

(按[Ctrl]或[Shift]＋右键,弹出对象捕捉快捷菜单,在第二个圆上单击第二个切点,如图4-3-12(c)所示)

指定下一点或[放弃(U)]: (回车)

完成公切线的绘制。

(a) 单击"切点"

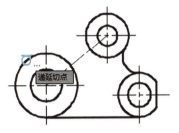

(b) 第一个切点

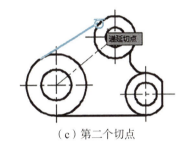

(c) 第二个切点

图4-3-12 绘制公切线

重复直线命令或者执行镜像命令,完成另一条公切线的绘制,如图4-3-13所示。利用修剪命令剪掉多余的图线,完成拨叉轮廓的绘制,如图4-3-14所示。

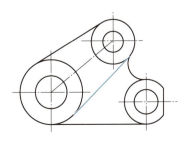

图4-3-13 绘制另一条公切线

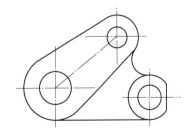

图4-3-14 修剪圆,完成图形绘制

## 模仿练习

按照 1∶1 的比例绘制图 4-3-15 所示图形，不标注尺寸。

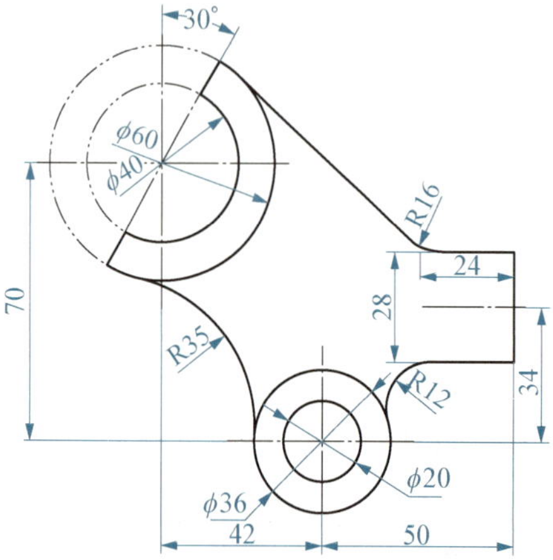

图 4-3-15 连杆轮廓图形

使用命令：

难点：

## 实践创新

查阅资料，设计含直线、圆、圆弧的图形，需用到直线、圆、圆角、修剪等命令。最好含有相对直角坐标和相对极坐标的定位尺寸，练习使用临时追踪点和捕捉自功能。

心得体会：

## 操作技巧

如图 4-3-16 所示，如何将圆弧快速转换成圆？

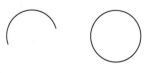

图 4-3-16 圆弧转换为圆

用"合并"命令将圆弧转换成圆。执行"合并"命令的方法:
① 命令行:输入"j"(join)。
② 功能区:单击"修改"面板中的按钮 ,如图 4-3-16(a)所示。
③ 菜单栏:单击菜单栏【修改】|【圆角】,如图 4-3-16(b)所示。

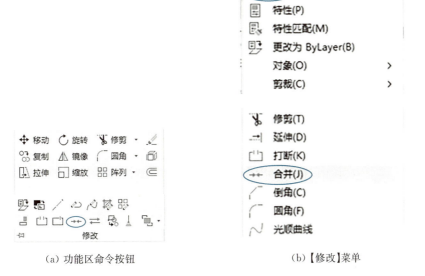

(a) 功能区命令按钮　　　　　　(b)【修改】菜单

图 4-3-16　执行"合并"命令的方法

AutoCAD 提示如下:
命令:J
JOIN
选择源对象或要一次合并的多个对象:找到 1 个　　　　　(单击要更改的圆弧)
选择要合并的对象:　　　　　　　　　　　　　　　　　(回车结束选择)
选择圆弧,以合并到源或进行[闭合(L)]:l　　　　　　　(选择闭合,输入"l",回车)
已将圆弧转换为圆。

## 任务 4.4　绘制机件轮廓图形

### 工作任务

在教师的指导下,完成图 4-4-1 所示机件轮廓图形的绘制任务。具体要求见表 4-4-1 工作任务单。

表 4-4-1 工作任务单

| 任务介绍 | 在教师的指导下,完成机件轮廓图形的绘制任务 |
|---|---|
| 任务要求 | <br>图 4-4-1 机件轮廓图形 |
| | 新建图层:粗实线、细实线、细点画线、尺寸,设置图层的颜色、线型、线宽<br>正确绘制图形<br>设置文字样式、标注样式<br>正确标注尺寸<br>保存文件前显示线宽,使图形充满屏幕 |
| 绘图工具 | 多媒体教师机或网络机房,计算机每人一套,AutoCAD 软件(最新版本) |
| 学习目标 | 学会捕捉切点画直线,学会使用偏移、圆角、临时追踪点绘制图形<br>能够熟练绘制含有中间线段的平面图形<br>学会文字样式、标注样式的设置<br>能够正确设置文字样式、标注样式,正确标注尺寸<br>养成严谨认真的绘图习惯,培养工程意识 |
| 学习重点 | 临时追踪点的使用<br>二维参照点的使用<br>中间线段的绘图方法 |
| 学习难点 | 绘制中间线段 |
| 参考标准 | GB/T 18229—2000  CAD 工程制图规则 |

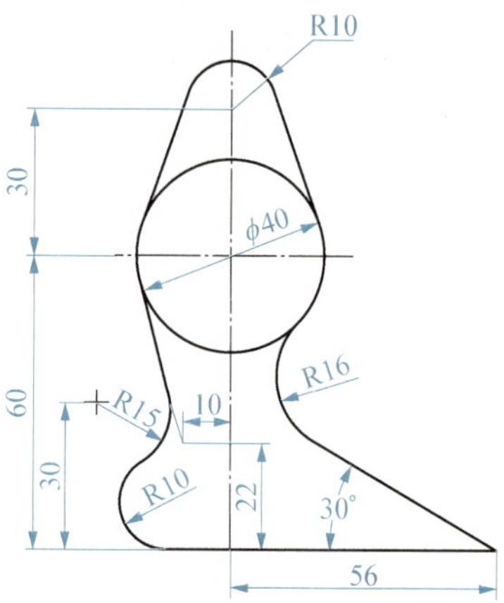

 任务实施

在上一个任务的基础上,新建尺寸图层。按照以下步骤绘图。

**第 1 步 绘图**

(1)绘制基准线和已知线段如图 4-4-2 所示。

(2)绘制 $\phi40$ 圆和 R10 圆弧的公切线  用直线命令绘制 $\phi40$ 圆和 R10 圆弧的公切线,如图 4-4-3 所示。

绘制机件轮廓(1)

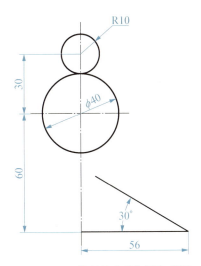
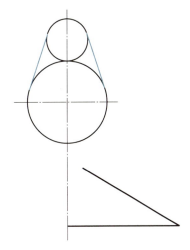

图 4-4-2 绘制基准线和已知线段　　　　图 4-4-3 绘制公切线

(3) 绘制与 ϕ40 圆相切的直线　系统提示：

命令：_line

指定第一个点：tt　　　　　　　　　　　　　　（输入"tt"，回车，启用临时追踪点）

指定临时对象追踪点：22

　　　　　　　（如图 4-4-4(a)所示，由临时追踪点向上捕捉极轴，输入"22"，回车）

指定第一个点：10　　（如图 4-4-4(b)所示，继续向左捕捉极轴，输入"10"，回车）

指定下一点或[放弃(U)]：_tan 到

([Ctrl]或[Shift]+右键，弹出对象捕捉快捷菜单，单击切点。在绘图区单击圆的切点，如图 4-4-4(c)所示）

指定下一点或[放弃(U)]：　　　　　　　　　　　　　　　　　　　　　（回车）

完成直线的绘制，如图 4-4-4(d)所示。

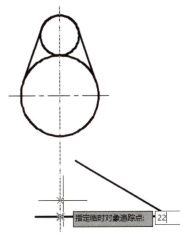
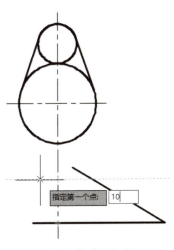

(a) 临时追踪，输入"22"　　　　　　(b) 追踪，输入"10"

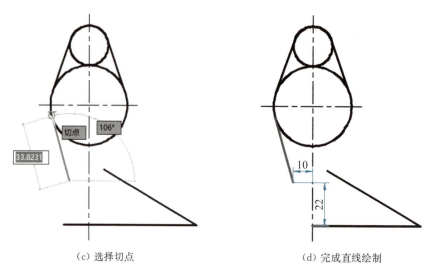

(c) 选择切点　　　　　　　　　(d) 完成直线绘制

图 4-4-4　绘制相切的直线

(4) 绘制 R15 的圆弧　用直线的命令绘制 AB 直线,用偏移的命令绘制 CD 直线,得到两条直线的交点 E,如图 4-4-5(a)所示。用圆的命令绘制 R15 的圆,如图 4-4-5(b)所示。

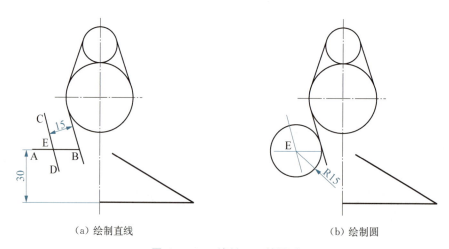

(a) 绘制直线　　　　　　　　　(b) 绘制圆

图 4-4-5　绘制 R15 的圆弧

(5) 绘制 R10 和 R16 的圆弧　用圆角的命令绘制 R10 和 R16 的圆弧,如图 4-4-6 所示。

(6) 打断直线　执行"打断于点"命令的方法:

① 命令行:输入"breakatpoint"。

② 功能区:单击"修改"面板中的按钮  ,如图 4-4-7 所示。

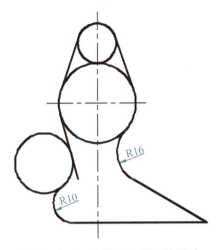

图 4-4-6 绘制 R10、R16 的圆弧

图 4-4-7 功能区执行"打断于点"命令的方法

AutoCAD 提示如下：
命令:BREAKATPOINT
选择对象： （单击直线）
指定打断点： （单击交点，如图 4-4-8(a)所示）
完成直线的打断，单击打断直线的下一段，设置为细实线图层，如图 4-4-8(b)所示。

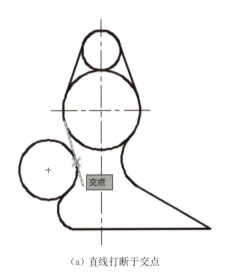

(a) 直线打断于交点

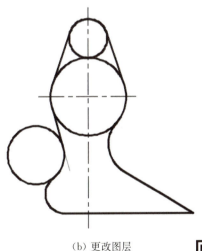

(b) 更改图层

图 4-4-8 打断直线

(7) 修剪图形 参照图 4-4-9，用修剪命令剪掉多余的图线。

绘制机件轮廓(2)

## 第 2 步 标注尺寸

### 1. 新建文字样式

执行"文字样式"命令，AutoCAD 弹出"文字样式"对话框，如图 4-4-10 所示。单击

【新建】,弹出"新建文字样式"对话框,修改样式名文本框,样式名为"数字字母",单击【确定】。

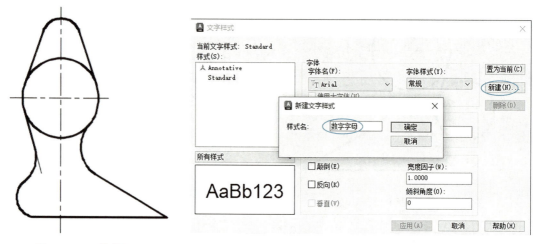

图4-4-9 修剪图形　　　　图4-4-10 新建文字样式

按照图4-4-11所示修改字体。SHX 字体选择 gbenor.shx,勾选"使用大字体"复选框,大字体选择 gbcbig.shx,其他采用默认值;单击【应用】或者【置为当前】,单击【关闭】,完成数字字母文字样式的设置。

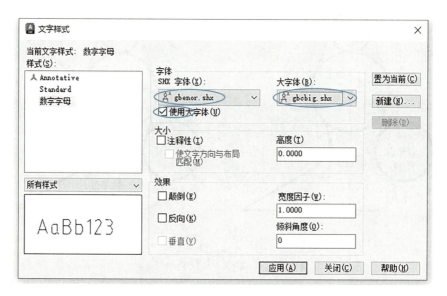

图4-4-11 "数字字母"文字样式

2. 设置尺寸样式

执行"标注样式"命令的方法:

① 命令行:输入"dimstyle"。

② 功能区:单击"注释"面板中的按钮 ,如图 4-4-12(a)所示。
③ 菜单栏:单击菜单栏【格式】|【标注样式】,如图 4-4-12(b)所示。

(a) 功能区命令按钮　　　　　　　　　　　(b)【修改】菜单

图 4-4-12　执行"标注样式"命令的方法

AutoCAD 弹出"标注样式管理器"对话框,如图 4-4-13 所示。

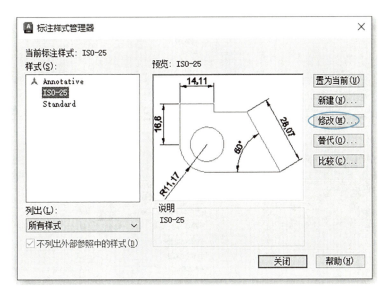

图 4-4-13　"数字字母"文字样

(1) 修改标注样式 ISO-25　单击【修改】按钮,弹出"修改标注样式:ISO-25"对话框,参照表 4-4-2 修改 ISO-25 样式,其他选项采用默认。

表 4－4－2　修改标注样式 ISO‐25

| 选项卡 | 特性 | 修改值 | 图例 |
|---|---|---|---|
| 线 | 尺寸线 | 基线间距:7～10 | 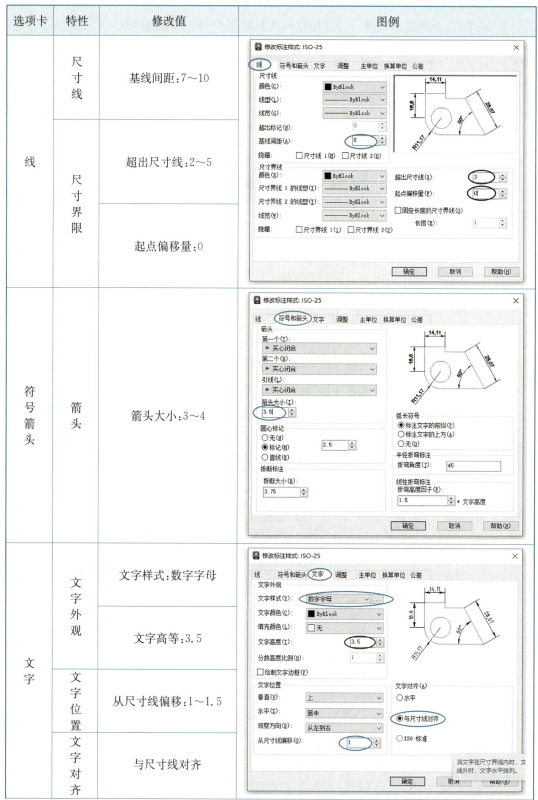 |
| | 尺寸界限 | 超出尺寸线:2～5 | |
| | | 起点偏移量:0 | |
| 符号箭头 | 箭头 | 箭头大小:3～4 | |
| 文字 | 文字外观 | 文字样式:数字字母 | |
| | | 文字高等:3.5 | |
| | 文字位置 | 从尺寸线偏移:1～1.5 | |
| | 文字对齐 | 与尺寸线对齐 | |

续 表

| 选项卡 | 特性 | 修改值 | 图例 |
|---|---|---|---|
| 主单位 | 线性标注 | 单位格式:小数 | 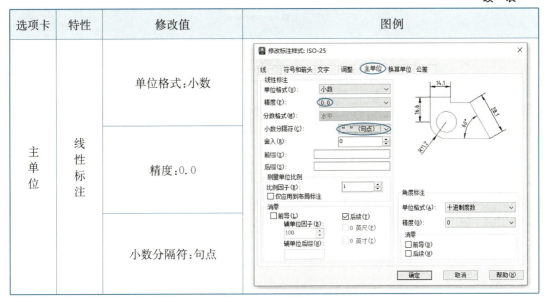 |
| | | 精度:0.0 | |
| | | 小数分隔符:句点 | |

（2）新建标注样式　在标注样式管理器对话框中,单击【新建】按钮,在"创建新标注样式"对话框中输入新样式名"水平标注",单击【继续】,如图 4-4-14(a)所示。单击"文字"选项卡,修改文字对齐为"水平",单击【确定】,如图 4-4-14(b)所示。

(a) 新建"水平标注"样式

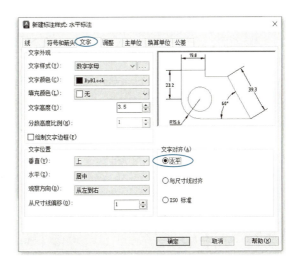

(b) 修改文字对齐方式

图 4-4-14　新建标注样式"水平标注"

返回"标注样式管理器"对话框,单击【ISO-25】之后,单击【新建】按钮,在"创建新标注样式"对话框中输入新样式名"圆内标注",单击【继续】按钮,如图 4-4-15(a)所示。单击"调整"选项卡,修改调整选项为"箭头"(选择"文字或箭头(取最佳效果)"之外的选项),单击【确定】按钮,如图 4-4-15(b)所示。

(a) 新建"圆内标注"样式　　　　　(b) 修改文字对齐方式

图 4-4-15　新建标注样式:圆内标注

(3) 标注尺寸　将"ISO-25"样式置为当前,标注图 4-4-16(a)所示尺寸。将"水平标注"样式置为当前,标注图 4-4-16(b)所示尺寸。将"圆内标注"样式置为当前,标注图 4-4-16(c)所示尺寸。

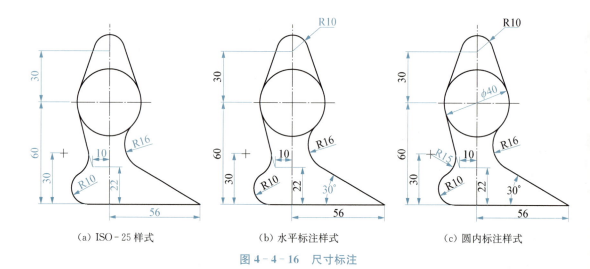

(a) ISO-25 样式　　　　　(b) 水平标注样式　　　　　(c) 圆内标注样式

图 4-4-16　尺寸标注

第 3 步　图形充满屏幕,保存图形

**模仿练习**

按照 1∶1 的比例绘制图 4-4-17,并标注尺寸。

绘制机件轮廓(3)

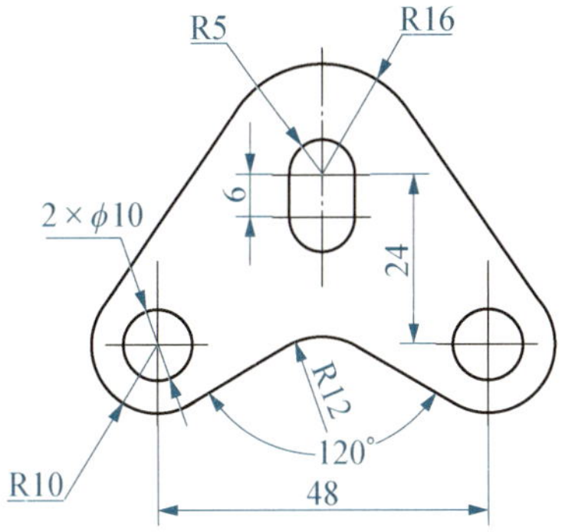

图 4-4-17 轮廓图形

使用命令：

难点：

## 实践创新

查阅资料设计图形，含圆弧连接、公切线、已知角度定位尺寸且与圆相切的直线，能够用到直线、圆、圆角、修剪等命令。

心得体会：

## 拓展训练

按照 1∶1 的比例绘制图下列图形，并标注尺寸。

1.

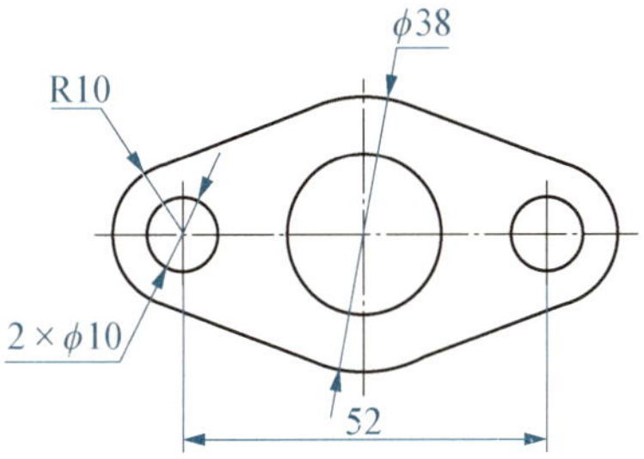

使用命令：

难点：

2.
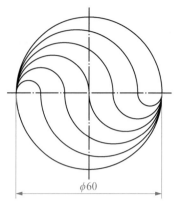

使用命令:
_____
_____

难点:
_____
_____

3.
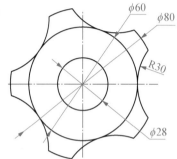

使用命令:
_____
_____

难点:
_____
_____

4.
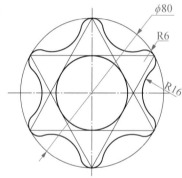

使用命令:
_____
_____

难点:
_____
_____

5.
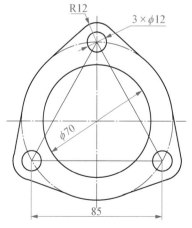

使用命令:
_____
_____

难点:
_____
_____

项目四 绘制平面图形

6.

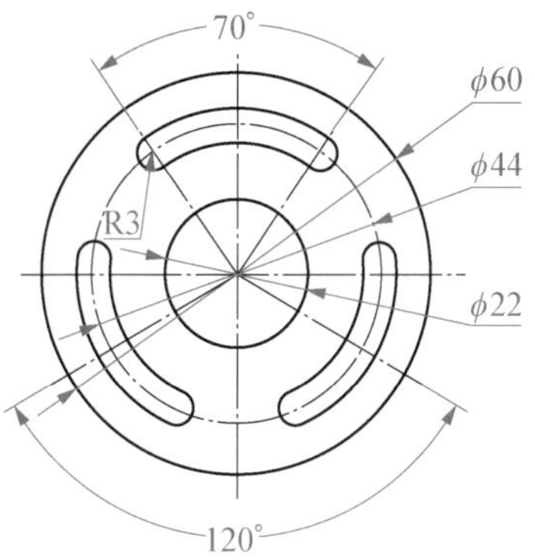

使用命令：
_____
_____
_____

难点：
_____
_____
_____

7.

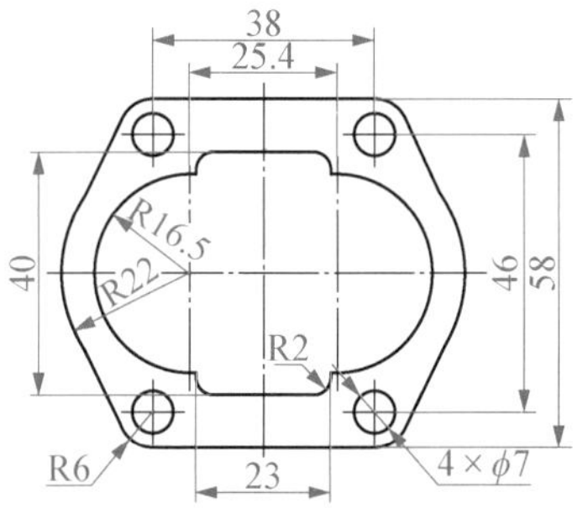

使用命令：
_____
_____
_____

难点：
_____
_____
_____

8.

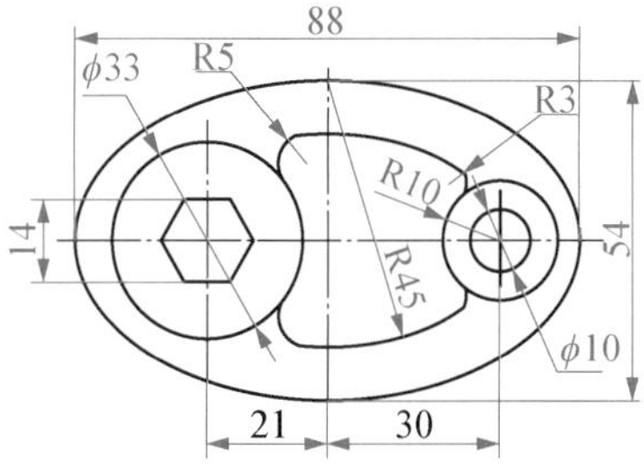

使用命令：
_____
_____
_____

难点：
_____
_____
_____

9.

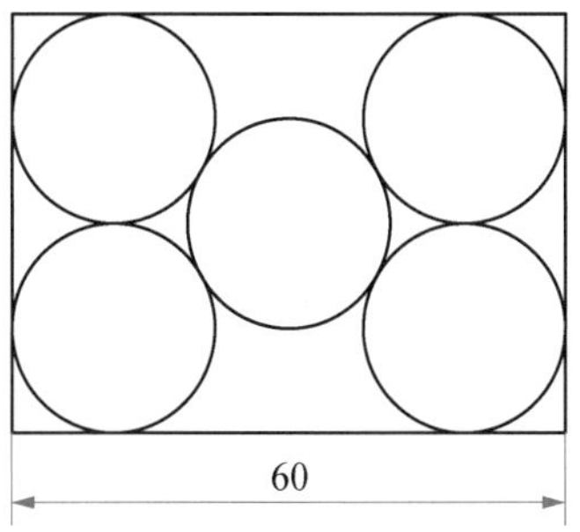

使用命令：
_____
_____
_____

难点：
_____
_____
_____

10.

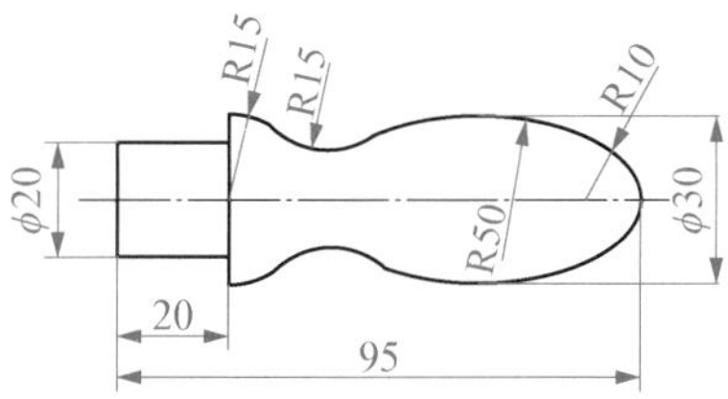

使用命令：
_____
_____
_____

难点：
_____
_____
_____

## 技能拔高

按照 1∶1 的比例绘制图下列图形，并标注尺寸。

1.

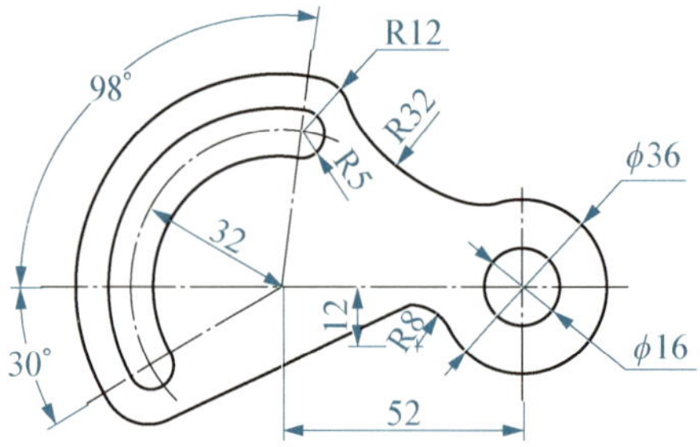

使用命令：

难点：

2.

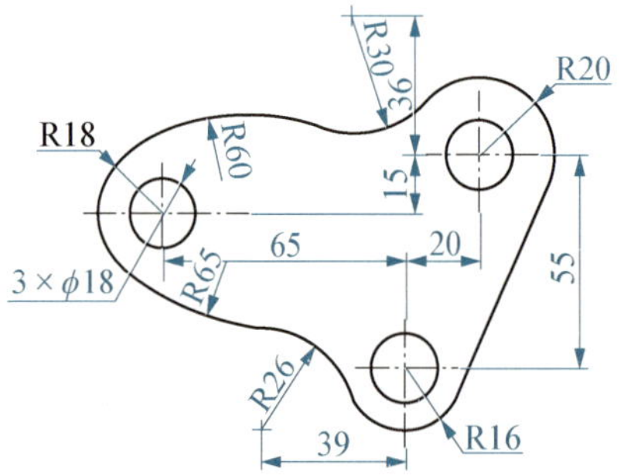

使用命令：

难点：

3.

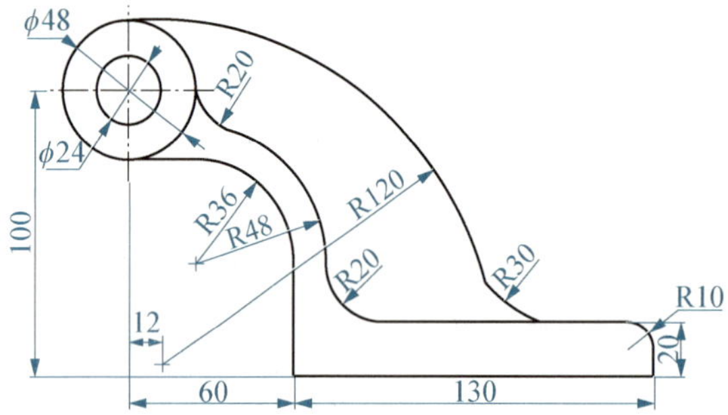

使用命令：

难点：

4.

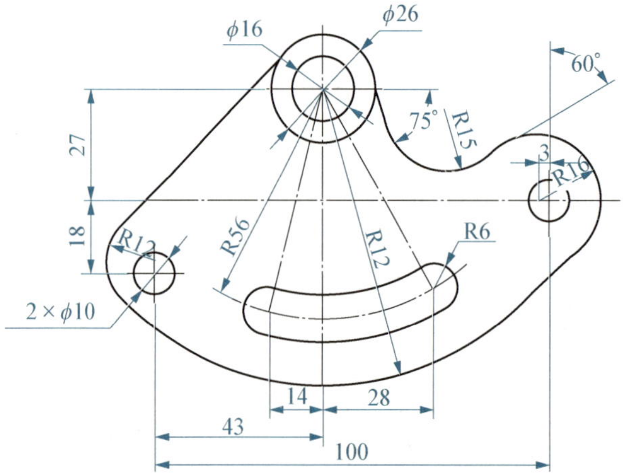

使用命令：

难点：

5.

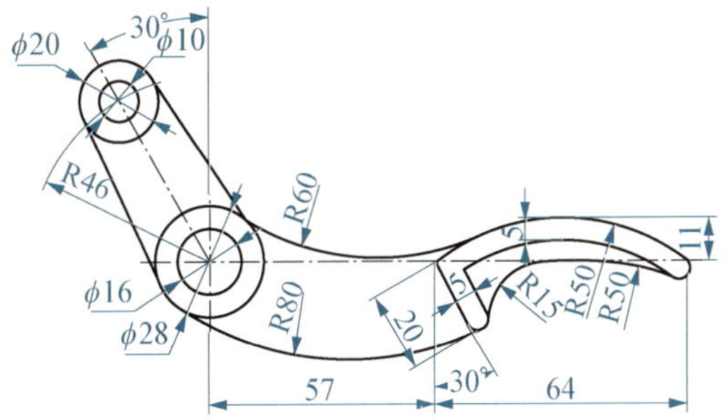

使用命令：
_____
_____
_____

难点：
_____
_____

## 项目小结

| 项目使用命令 |||
|---|---|---|
| 序号 | 命令名称 | 完整 | 快捷 |
| 1 | 直线 | Line | L |
| 2 | | | |
| 3 | | | |
| 4 | | | |
| 5 | | | |
| 6 | | | |
| 7 | | | |
| 8 | | | |
| 9 | | | |
| 10 | | | |
| 11 | | | |
| 12 | | | |
| … | | | |

## 考核评价

| 自我评价 ||||
|---|---|---|---|
| 评价项目 | 评价等级（在合适的等级内打"√"） |||
| | 熟练掌握 | 基本掌握 | 未掌握 |
| 直线、两圆公切线 | | | |
| 圆（切点、切点、半径） | | | |
| 矩形（带圆角） | | | |

续 表

| 自我评价 | | | |
|---|---|---|---|
| 评价项目 | 评价等级（在合适的等级内打"√"） | | |
| | 熟练掌握 | 基本掌握 | 未掌握 |
| 修剪 | | | |
| 复制 | | | |
| 镜像 | | | |
| 阵列 | | | |
| 圆角 | | | |
| 旋转 | | | |
| 文字样式的设置 | | | |
| 文字的注写 | | | |
| 标注样式的设置 | | | |
| 尺寸标注 | | | |
| 综合评价 | A:100～90； B:89～80； C:79～70； D:69～60； E:59～0 <br> □A　　□B　　□C　　□D　　□E | | |
| 未掌握原因及改进措施 | | | |

| 小组评价 | |
|---|---|
| 评价项目 | 评价等级（在合适的等级内打"√"） <br> A:100～90； B:89～80； C:79～70； D:69～60； E:59～0 |
| 学习能力 | □A　　□B　　□C　　□D　　□E |
| 实践创新 | □A　　□B　　□C　　□D　　□E |
| 工程素养 | □A　　□B　　□C　　□D　　□E |
| 协作互助 | □A　　□B　　□C　　□D　　□E |
| 综合评价 | □A　　□B　　□C　　□D　　□E |

| 教师评价 | |
|---|---|
| 评价项目 | 评价等级（在合适的等级内打"√"） <br> A:100～90； B:89～80； C:79～70； D:69～60； E:59～0 |
| 平面图形的绘制 | □A　　□B　　□C　　□D　　□E |
| 文字样式的设置 | □A　　□B　　□C　　□D　　□E |
| 标注样式的设置 | □A　　□B　　□C　　□D　　□E |
| 尺寸的标注 | □A　　□B　　□C　　□D　　□E |

续 表

| 教师评价 | | | | | |
|---|---|---|---|---|---|
| 评价项目 | 评价等级(在合适的等级内打"√") | | | | |
| | A:100～90； B:89～80； C:79～70； D:69～60； E:59～0 | | | | |
| 学习能力 | □A | □B | □C | □D | □E |
| 实践创新 | □A | □B | □C | □D | □E |
| 工程素养 | □A | □B | □C | □D | □E |
| 团队协作 | □A | □B | □C | □D | □E |
| 综合评价 | □A | □B | □C | □D | □E |

# 项目五　AutoCAD 绘制零件图

本项目通过 3 个任务学习利用 AutoCAD 软件绘制零件图。通过任务实施、模仿练习，学习按照国家标准绘制图框、标题栏，绘制视图，设置文字样式、标注样式，并正确标注零件图中的尺寸、尺寸公差、表面结构、几何公差和文字。作图保证线型、线宽、颜色正确，养成严谨认真的工作态度。遵守工程技术人员应恪守的诚信、学术道德和行为规范，不复制、不给他人复制成果。通过项目训练掌握制图员的基本技能，培养工程素养；以积极心态开展合作性学习，提高团队协作的能力；树立文化自信。通过实践创新项目，开拓思路，提高解决问题的能力；通过拓展训练和技能拔高，不断提高自己的绘图技能和思路。

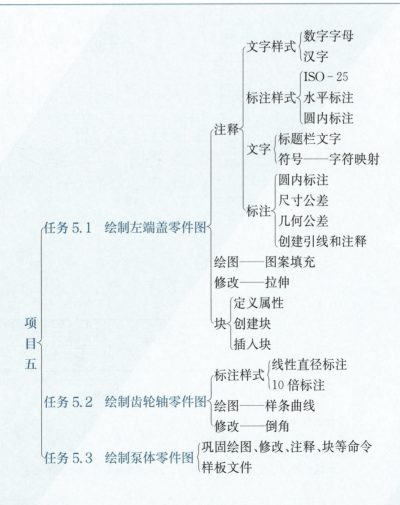

## 任务 5.1 ▶ 绘制左端盖零件图

### 工作任务

在教师的指导下,完成图 5-1-1 所示左端盖零件图的绘制任务。具体要求见表 5-1-1 工作任务单。

表 5-1-1 工作任务单

| 任务介绍 | 在教师的指导下,完成左端盖零件图的绘制任务 |
|---|---|
| 任务要求 | 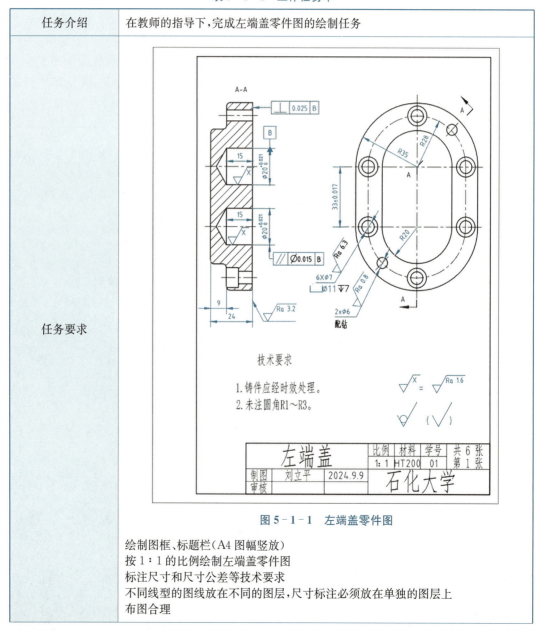图 5-1-1 左端盖零件图<br>绘制图框、标题栏(A4 图幅竖放)<br>按 1∶1 的比例绘制左端盖零件图<br>标注尺寸和尺寸公差等技术要求<br>不同线型的图线放在不同的图层,尺寸标注必须放在单独的图层上<br>布图合理 |

续 表

| 绘图工具 | 多媒体教师机或网络机房，计算机每人一套，AutoCAD软件（最新版本） |
|---|---|
| 学习目标 | 学会利用 AutoCAD 软件绘制零件图<br>能够正确设置、管理图层<br>能够正确设置文字样式和尺寸样式<br>能够创建带属性的块，插入块<br>培养精益求精的职业素养和快速学习新技能的能力 |
| 学习重点 | 利用 AutoCAD 软件绘制盘盖类零件图<br>零件图技术要求的标注 |
| 学习难点 | 表面结构的标注<br>几何公差的标注 |
| 参考标准 | GB/T 131—2006　产品几何技术规范（GPS）　技术产品文件中表面结构的表示法 |

## 任务实施

### 第 1 步　新建图层

新建粗实线、细实线、细点画线、尺寸标注、表面结构、几何公差、文字等需要的图层。

### 第 2 步　设置文字样式

参考图 4-4-14(b)创建"数字字母"的文字样式，用于标注图样中的数字和字母。图样中的汉字应写成长方宋体字，新建"汉字"的文字样式，设置如图 5-1-2 所示。

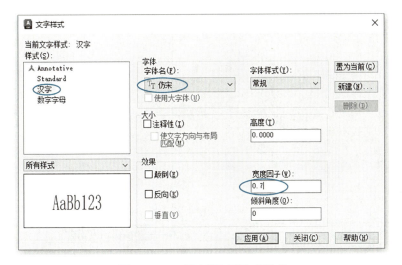

图 5-1-2　新建"汉字"文字样式

## 第3步 设置尺寸样式

参考任务 4.4 修改"ISO‑25"标注样式,新建"水平标注""圆内标注"等标注样式。

## 第4步 绘制图纸边界和图框

(1) 绘制 A4 图纸(Y 型)边界  将细实线置为当前图层,用矩形命令绘制 210×297 的矩形。

(2) 绘制图框线  将粗实线置为当前图层,用矩形的命令绘制图框线。

命令:_rectang

指定第一个角点或[倒角(C)/标高(E)/圆角(F)/厚度(T)/宽度(W)]:tt

(输入"tt",回车)

指定临时对象追踪点:25

(如图 5‑1‑3(a)所示,捕捉到矩形的左下角点,向右拖到鼠标,追踪到 0°极轴时输入"25",回车)

指定第一个角点或[倒角(C)/标高(E)/圆角(F)/厚度(T)/宽度(W)]:5

(如图 5‑1‑3(b)所示,向上拖到鼠标,追踪到 90°极轴时输入"5",回车)

指定另一个角点或[面积(A)/尺寸(D)/旋转(R)]:tt    (输入"tt",回车)

指定临时对象追踪点:5

(如图 5‑1‑3(c)所示,捕捉到矩形的右上角点,向左拖到鼠标,追踪到 180°极轴时输入"5",回车)

指定另一个角点或[面积(A)/尺寸(D)/旋转(R)]:5

(如图 5‑1‑3(d)所示,向下拖到鼠标,追踪到 270°极轴时输"5",回车)

完成图框线的绘制,如图 5‑1‑3(e)所示。

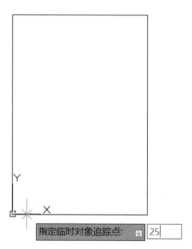

(a) 捕捉矩形左下角点,向右,输入"25"

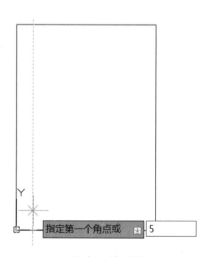

(b) 向上,输入"5"

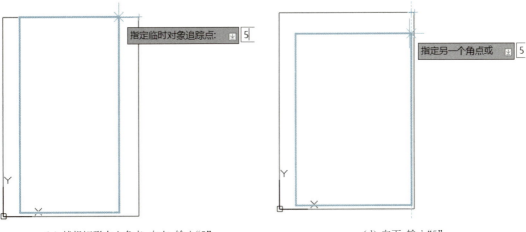

(c)捕捉矩形右上角点,向左,输入"5"　　　　(d)向下,输入"5"

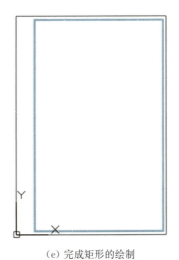

(e)完成矩形的绘制

图 5-1-3　绘制图框

### 第 5 步　绘制标题栏

按照图 5-1-4 所示格式绘制标题栏。用"多行文字"命令填写标题栏。

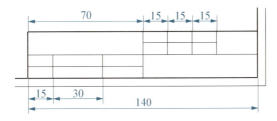

图 5-1-4　零件图标题栏格式

命令:_mtext
当前文字样式:"宋体"  文字高度:2.5  注释性:否
指定第一角点:                （单击注写文字的矩形线框的左上角点）
指定对角点或[高度(H)/对正(J)/行距(L)/旋转(R)/样式(S)/宽度(W)/栏(C)]:
                            （单击注写文字矩形线框的右下角点）

弹出"文字编辑器"可视化面板,选择"汉字"文字样式,"5"号字,"正中"的对正方式,如图5-1-5(a)、(b)所示。注写文字,单击绘图区完成"制图",如图5-1-5(c)所示。复制"制图"到相应文字处,如图5-1-5(d)所示。双击要编辑的文字,修改为"审核",如图5-1-5(e)所示。所有文字填写完如图5-1-5(f)所示。

图 5-1-5  填写标题栏

### 第6步  绘制视图

（1）绘制基准线布置视图。

（2）绘制左视图，再绘制主视图。

（3）绘制剖面符号　将剖面线置为当前图层，用图案填充命令绘制剖面符号。执行"图案填充"命令的方法：

① 命令行：输入"spl"（spline）。

② 功能区：单击"默认"选项卡"绘图"面板中的按钮 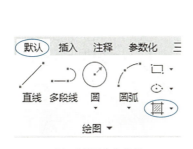，如图 5-1-6(a)所示。

③ 菜单栏：单击菜单栏【绘图】|【图案填充】，如图 5-1-6(b)所示。

(a) 功能区命令按钮　　(b) "绘图"菜单

图 5-1-6　执行"图案填充"命令的方法

AutoCAD 弹出"图案填充创建"可视化面板，选择"ANSI31"图案，选择"关联"，如图 5-1-7(a)所示。在绘图区单击，进行封闭区域的图案填充，如图 5-1-7(b)所示，需要填充的区域全部选择，单击【关闭】或者回车，完成图案填充如图 5-1-7(c)所示。

(a) "图案填充"可视化面板

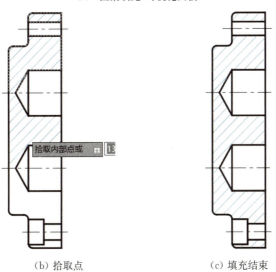

(b) 拾取点　　(c) 填充结束

图 5-1-7　图案填充

> **重点提示**
> 
> 执行图案填充前可以先关闭细点画线图层,可减少选择次数。

(4) 标注　剖视图剖切符号、箭头、字母 A 和名称"A-A"。

### 第 7 步　标注尺寸及尺寸公差

(1) 标注基本尺寸　如图 5-1-8 所示。

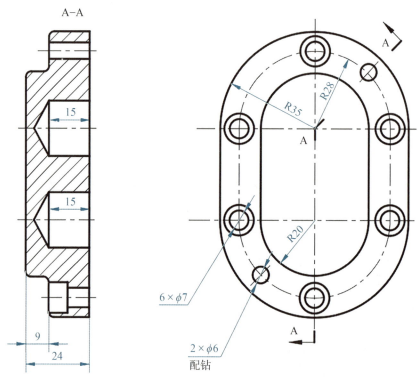

图 5-1-8　标注基本尺寸

(2) 标注 ⌴⌀11▽7　执行"多行文字"命令,单击多行文字可视化面板中的【符号】按钮,单击"其他",如图 5-1-9(a)所示。选择"字体"为 GDT,在"字符映射表"中输入字母 v 或者单击符号,出现 ⌴,如图 5-1-9(b)所示。复制到"多行文字"文本框,输入"%%c11";继续在"字符映射表"中输入字母 x 或者单击符号,出现 ▽,如图 5-1-9(c)所示。复制到"多行文字"文本框,输入"7",调整文字大小;在绘图区单击,调整文字位置,如图 5-1-9(d)所示。

(a)"多行文字"可视化面板—符号

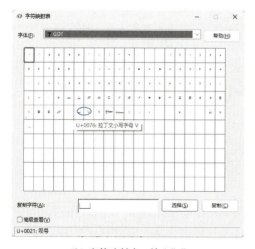

(b)字符映射表—输入"v"

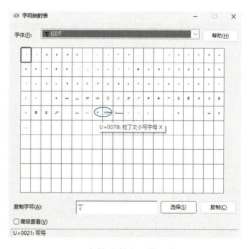

(c)字符映射表—输入"x"

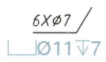

(d)完成标注

图 5-1-9　标注 ⌊⌋ø11↧7

(3)标注 33±0.017　执行"线性"标注命令,选中尺寸界限的位置之后,输入"M",回车。将光标移至33后,输入"%%p"或者单击"文字编辑器"可视化面板中的【符号】按钮,如图5-1-10所示,单击"正负",输入"0.017"。在绘图区单击左键,将尺寸放置合适位置,单击鼠标即完成标注。

图 5-1-10 标注 33±0.017

(4) 标注 $\phi 20^{+0.021}_{0}$　执行"线性"标注命令，选中尺寸界限的位置之后，输入"M"，回车。在 20 前输入"％％c"，出现"φ"之后，将光标移至 20 后，输入"+0.021^0"并选中，如图 5-1-11(a)所示。单击堆叠按钮 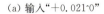，如图 5-1-11(b)所示，完成尺寸公差的输入，如图 5-1-11(c)所示。在绘图区单击左键，将尺寸放置合适位置，单击左键即完成标注。

(a) 输入"+0.021^0"　　　　　(c) 单击堆叠按钮之后

(b) 单击堆叠按钮

图 5-1-11 标注 $\phi 20^{+0.021}_{0}$

### 第 8 步　标注表面结构

#### 1. 绘制图形符号

参照 GB/T 131—2006 绘制表面结构图形符号，基本符号如图 5-1-12(a)所示，表面结构图形符号的尺寸见表 5-1-2。在 0 层上按照 3.5 号字绘制去除材料完整图形符号，并注写"Ra"，如图 5-1-12(b)所示。

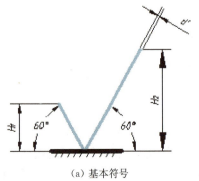

$d' = h/10, H_1 = 1.4h, H_2 \geqslant 3h, h$ 为数字和字母高度，$H_2$ 高度和图形符号长边的横线的长度取决于标注的内容。

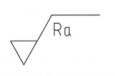

(a) 基本符号　　　　　　　　　　　　　　(b) 去除材料完整图形符号

图 5-1-12 表面结构图形符号

表 5-1-2　表面结构图形符号的尺寸

| 数字和字母高度 $h$ | 2.5 | 3.5 | 5 | 7 | 10 | 14 | 20 |
|---|---|---|---|---|---|---|---|
| 符号线宽 $d'$ | 0.25 | 0.35 | 0.5 | 0.7 | 1 | 1.4 | 2 |
| 字母线宽 $d$ | | | | | | | |
| 高度 $H_1$ | 3.5 | 5 | 7 | 10 | 14 | 20 | 28 |
| 高度 $H_2$(最小值)[①] | 6.5 | 10.5 | 15 | 21 | 30 | 42 | 60 |

① $H_2$ 取决于标注内容。

### 2. 定义属性

执行命令的方法：

① 命令行:输入"att"(attdef)。

② 功能区:单击"默认"选项卡"块"面板中的按钮 ，如图 5-1-13(a)所示。

③ 功能区:单击"插入"面板中的按钮 ，如图 5-1-13(b)所示。

④ 菜单栏:单击菜单栏【绘图】|【块】|【定义属性(D)…】，如图 5-1-13(c)所示。

(a) 功能区"块"面板　　　　(b) "插入"选项卡　　　　(c) 绘图菜单

图 5-1-13　执行"定义属性"的命令

AutoCAD 弹出"属性定义"对话框，完成参数设置，如图 5-1-14 所示。在绘图区单击属性插入点，完成表面结构代号的属性定义，如图 5-1-15 所示。

### 3. 创建表面结构符号块

将 0 层置为当前图层，创建图块。执行块命令的方法：

① 命令行:输入"b"(block)。

② 功能区:单击"默认"选项卡"块"面板中的按钮 ，如图 5-1-16(a)所示。

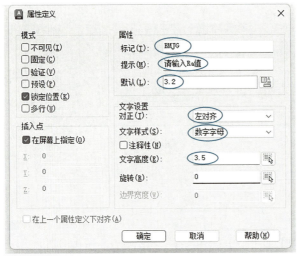

图 5-1-14 "属性定义"对话框

图 5-1-15 定义属性

③ 功能区:单击"插入"选项卡"块定义"面板中的按钮 ,如图 5-1-16(b)所示。

④ 菜单栏:单击菜单栏【绘图】|【块】|【创建(M)…】,如图 5-1-16(c)所示。

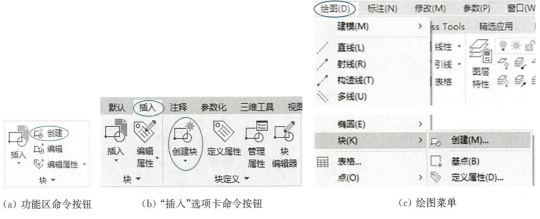

(a) 功能区命令按钮  (b) "插入"选项卡命令按钮  (c) 绘图菜单

图 5-1-16 执行"创建"的命令

弹出"块定义"对话框,如图 5-1-17(a)所示。在"名称"文本框中输入"表面结构";在"基点"选项区域单击拾取点按钮 ,在绘图区单击符号的最低点,如图 5-1-17(b)所示;在"对象"选项区域中单击选择对象按钮 ,在绘图区选择表面结构符号图形、字母和属性,如图 5-1-17(c)所示;回车或者右键,返回"块定义"对话框,其他参数保留默认设置。单击【确定】,完成表面结构符号的块定义,如图 5-1-17(d)所示。

(a)【块定义】对话框

(b) 拾取点　　　　　　　(c) 选择块对象　　　　　　(d) 创建块

图 5-1-17　创建表面结构符号块

4. 执行"写块""W"(WBLOCK)命令

执行"写块""W"(WBLOCK)命令将图块保存，以便在其他文件中调用。

5. 插入块

将"表面结构"置为当前图层，插入表面结构块。执行"插入"命令的方法：

① 命令行：输入"i"(insert)。

② 功能区：单击"默认"选项卡"块"面板中的按钮，如图 5-1-18(a)所示。

③ 功能区：单击"插入"选项卡"块"面板中的按钮，如图 5-1-18(b)所示。

④ 菜单栏：单击菜单栏【插入】|【块选项板(B)…】，如图 5-1-18(c)所示。

(a) 功能区命令按钮　　　(b) "插入"选项卡命令按钮　　　(c) "插入"菜单

图 5-1-18　执行"插入"的命令

(1) 标注 Ra3.2　单击插入块命令之后,单击"表面结构"块,在屏幕上合适的位置单击后,完成表面结构块的插入。绘制引出线。命令行输入"LE",执行"创建引线和注释"(QLEADER)命令,回车,弹出"引线设置"对话框,如图 5-1-19 所示。分别设置"注释""引线和箭头""附着"选项卡。命令行提示:

(a) "注释"选项卡　　　　　　　　　　(b) "引线和箭头"选项卡

(c) "附着"选项卡

图 5-1-19　引线设置

指定第一个引线点或[设置(S)]<设置>:

(在 24 尺寸界限上拾取点,如图 5-1-20(a)所示)

指定下一点:

(捕捉到表面结构符号的端点,向左捕捉到 180°极轴时单击鼠标,如图 5-1-20(b)所示)

指定下一点:0.1　　　　　　　　　(在适当位置单击鼠标,如图 5-1-20(c)所示)

指定文字宽度<0>:　　　　　　　　　　　　　　　　　　　　　　　　　(回车)

输入注释文字的第一行<多行文字(M)>:1　　　　　　　　　　　　　　　(回车)

输入注释文字的下一行:　　　　　　　　　　　　　　　　(在绘图区单击鼠标)

完成引线的绘制。

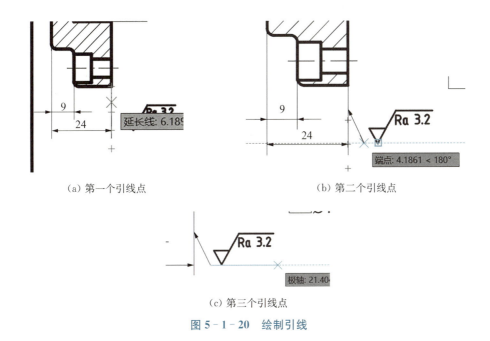

(a) 第一个引线点　　　　　　　　　(b) 第二个引线点

(c) 第三个引线点

图 5‑1‑20　绘制引线

(2) 标注 Ra6.3、Ra0.8　Ra6.3 标注在直径的尺寸线上，需要旋转符号。执行"插入块"命令，命令行输入"i"(insert)，弹出"块"面板，将插入点、旋转、重复放置选项勾选上，如图 5‑1‑21(a)所示。单击表面结构块，在尺寸线上找到一个合适的最近点，如图 5‑1‑21(b)所示；指定旋转角度时捕捉到尺寸线上任意点，如图 5‑1‑21(c)所示。单击鼠标，弹出"编辑属性"对话框，将 3.2 改为 6.3，如图 5‑1‑21(d)所示。单击【确定】。重复插入块命令，与标注 Ra6.3 一样的方法标注 Ra0.8。结果如图 5‑1‑21(e)所示，回车结束插入块命令。

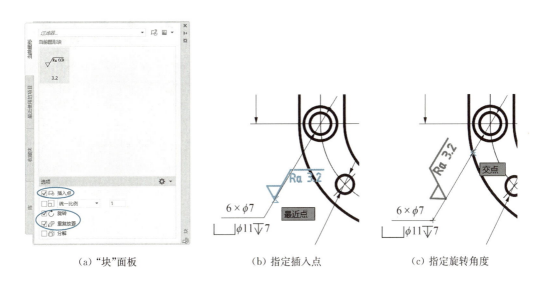

(a) "块"面板　　　　　(b) 指定插入点　　　　　(c) 指定旋转角度

(d) 编辑属性—6.3

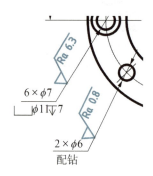

(e) 标注结束

图 5‑1‑21　标注 Ra6.3、Ra0.8

参照上述方法标注图中其他表面结构符号。

**第 9 步　标注几何公差**

**1. 标注基准符号**

执行"创建引线和注释"命令,弹出"引线设置"对话框,在"引线和箭头"选项卡的"箭头"类型中选择"实心基准三角形","点数"为"2",如图 5‑1‑22(a)所示。设置完成后单击【确定】。弹出"形位公差"对话框,在"基准标识符"处输入"A",如图 5‑1‑22(b)所示,单击【确定】,基准符号如图 5‑1‑22(c)所示。对于竖直方向的基准符号需要分步完成,步骤如下:

(a) "引线设置"箭头、点数　　　　　　　　(b) 基准标识符

(c) 基准符号 A

图 5‑1‑22　标注几何公差——基准符号 A

(1) 绘制基准引线　参照基准"A"的步骤,执行"创建引线和注释"命令,弹出如图 5‑1‑22(b)所示"形位公差"对话框时单击关闭,得到基准线,如图 5‑1‑23(a)所示。

(2) 绘制基准框格　执行"公差"(TOLERANCE)命令,弹出如图 5‑1‑22(b)所示对话

框时,在"基准标识符"处输入"B",确定,得到基准框格,如图 5‑1‑23(b)所示。

(3) 利用移动命令将基准框格移到基准引线上 如图 5‑1‑23(c)所示。

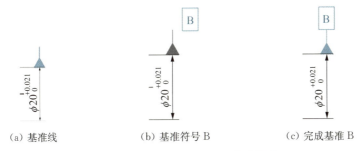

图 5‑1‑23 标注几何公差——基准符号 B

## 2. 标注被测要素

执行"创建引线和注释"命令,弹出"引线设置"对话框,如图 5‑1‑19(a)所示;在"注释类型"中选择"公差",在"箭头"类型中选择"实心闭合"箭头,如图 5‑1‑19(b)所示。设置完

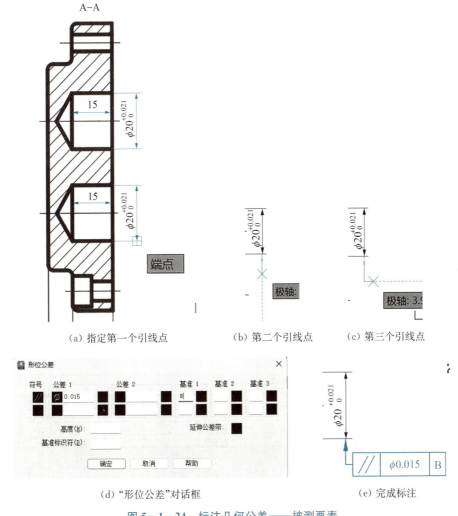

图 5‑1‑24 标注几何公差——被测要素

成后单击【确定】。指定引线点参照图 5-1-24(a)~(c),单击 3 个引线点后,自动弹出"形位公差"对话框,设置如图 5-1-24(d)所示。单击【确定】,完成标注,如图 5-1-24(e)所示。

同样的方法标注垂直度公差。

### 第 10 步 注写文字

用"多行文字"命令注写文字,注意文字大小。

### 第 11 步 检查、修改,保存文件

检查、修改、调整,完成左端盖零件图,如图 5-1-1 所示。保存文件。

## 模仿练习

按 1∶1 的比例抄画右端盖的零件图,如图 5-1-25 所示。

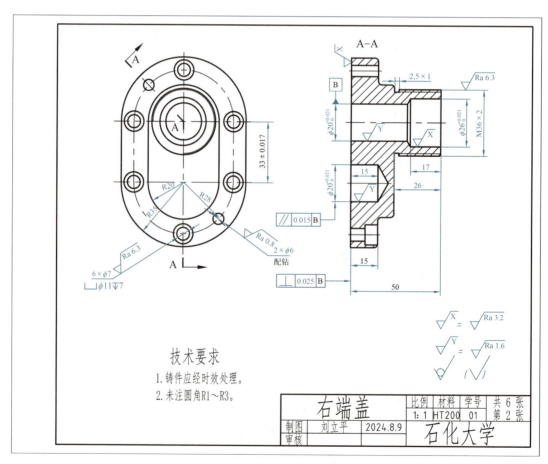

图 5-1-25 右端盖的零件图

## 任务 5.2 ▶ 绘制齿轮轴零件图

### 工作任务

在教师的指导下,完成图 5-2-1 所示齿轮轴零件图的绘制任务。具体要求见表 5-2-1 工作任务单。

表 5-2-1 工作任务单

| 任务介绍 | 在教师的指导下,完成齿轮轴零件图的绘制任务 |
|---|---|
| 任务要求 | 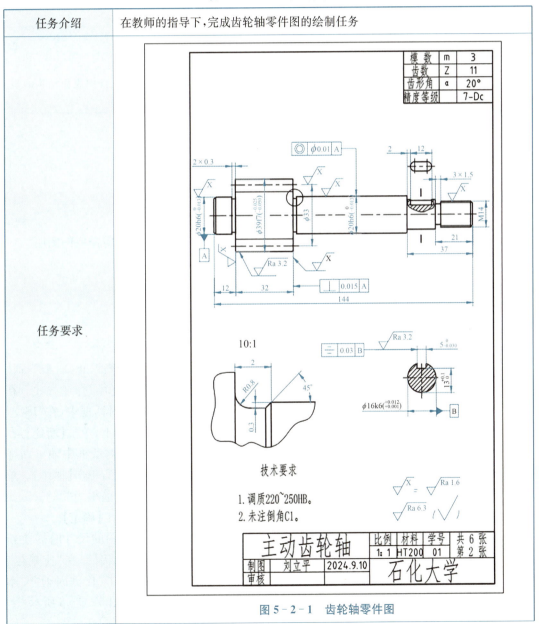 |

图 5-2-1 齿轮轴零件图

续　表

|  |  |
|---|---|
|  | 绘制图框、标题栏（A4 图幅竖放）<br>按 1∶1 的比例绘制齿轮轴零件图<br>标注尺寸和尺寸公差等技术要求<br>不同线型的图线放在不同的图层,尺寸标注必须放在单独的图层上<br>布图合理 |
| 绘图工具 | 多媒体教师机或网络机房,计算机每人一套,AutoCAD 软件（最新版本） |
| 学习目标 | 巩固 AutoCAD 软件绘制零件图技巧<br>培养精益求精的职业素养和快速学习新技能的能力 |
| 学习重点 | 利用 AutoCAD 软件绘制轴类零件图<br>零件图技术要求的标注 |
| 学习难点 | 局部剖视图画法<br>尺寸公差的标注 |
| 参考标准 | GB/T 131—2006　产品几何技术规范（GPS）　技术产品文件中表面结构的表示法 |

## 任务实施

### 第 1 步　新建图层

新建粗实线、细实线、细点画线、尺寸标注、表面结构、几何公差、文字等需要的图层。

### 第 2 步　设置文字样式

创建"数字字母"和"汉字"的文字样式。

### 第 3 步　设置尺寸样式

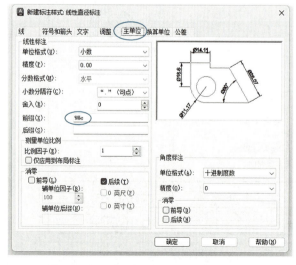

图 5-2-2　新建标注样式：线性直径标注

参考任务 4.4 修改"ISO-25"标注样式。新建"线性直径"标注样式。在"标注样式管理器"对话框中,在"ISO-25"标注样式的基础上,单击【新建】,在"创建新标注样式"对话框中输入新样式名"线性直径标注",单击【继续】。单击"主单位"选项卡,前缀为"%%c",如图 5-2-2 所示,单击【确定】。

标注局部放大图的尺寸时需要新建标注样式,如"10 倍"。在"主单位"选项卡"测量单位"｜"比例因子"文本框中输入"0.1",如图 5-2-3 所示。

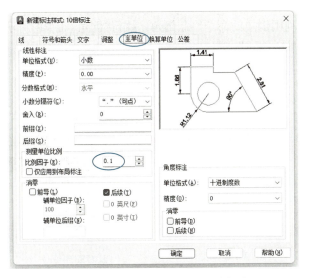

图 5-2-3　新建标注样式：10 倍标注

## 第 4 步　绘制图框和标题栏

## 第 5 步　绘制视图

（1）按照 1∶1 绘制主动齿轮轴的视图　如图 5-2-4 所示。

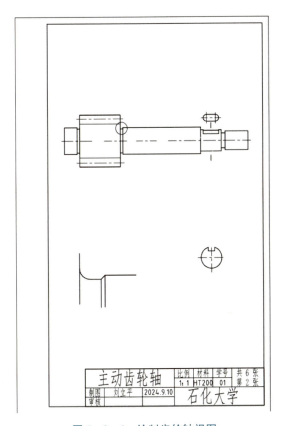

图 5-2-4　绘制齿轮轴视图

(2) 绘制倒角  利用倒角的命令绘制倒角。执行"倒角"命令的方法：
① 命令行：输入"chamfer"。
② 功能区：单击"修改"面板中的按钮 ，如图 5-2-5(a)所示。
③ 菜单栏：单击菜单栏【修改】|【倒角】，如图 5-2-5(b)所示。

(a) 功能区"修改"面板命令按钮

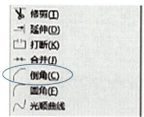

(b) "修改"菜单

图 5-2-5  执行"倒角"命令的方法

AutoCAD 提示如下：

命令：_chamfer

("修剪"模式)当前倒角距离 1=1.0000,距离 2=1.0000

选择第一条直线或[放弃(U)/多段线(P)/距离(D)/角度(A)/修剪(T)/方式(E)/多个(M)]：　　　　　　　　　　　　　　　　　　　　　　　　(输入"d",回车)

选择第二条直线,或按住[Shift]键选择直线以应用角点或[距离(D)/角度(A)/方法(M)]：

命令：_chamfer

("修剪"模式)当前倒角距离 1=0.0000,距离 2=0.0000

选择第一条直线或[放弃(U)/多段线(P)/距离(D)/角度(A)/修剪(T)/方式(E)/多个(M)]：d　　　　　　　　　　　　　　　　　　　　　　　　　(输入"d",回车)

指定第一个倒角距离<0.0000>:1　　　　　　　　　　　　　　(输入"1",回车)

指定第二个倒角距离<1.0000>:　　　　　　　　　　　　　　　　　　(回车)

选择第一条直线或[放弃(U)/多段线(P)/距离(D)/角度(A)/修剪(T)/方式(E)/多个(M)]：　　　　　　　　　　　　　　　　　　　　　　　　(单击第 1 条直线)

选择第二条直线,或按住[Shift]键选择直线以应用角点或[距离(D)/角度(A)/方法(M)]：　　　　　　　　　　　　　　　　　　　　　　　　(单击第 2 条直线)

完成倒角命令,如图 5-2-6(a)所示。重复倒角的命令,补画直线,如图 5-2-6(b)所示。

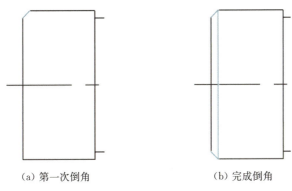

(a) 第一次倒角　　　　　　　　(b) 完成倒角

图 5-2-6　绘制倒角

(3) 绘制波浪线　　主视图键槽部位用局部剖视图表达,用样条曲线命令绘制波浪线。将波浪线置为当前图层,利用样条曲线的命令绘制波浪线。执行"样条曲线"命令的方法:

① 命令行:输入"spline"。
② 功能区:单击"绘图"面板中的按钮 ,如图 5-2-7(a) 所示。
③ 菜单栏:单击菜单栏【绘图】|【样条曲线】|【拟合点(F)】,如图 5-2-7(b) 所示。

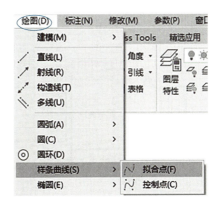

(a) 功能区"绘图"面板命令按钮　　　　　　(b) "绘图"菜单

图 5-2-7　执行"样条曲线"命令的方法

AutoCAD 提示如下:

命令:_SPLINE
当前设置:方式=拟合　节点=弦　　　　　　　　　　　　　(显示当前设置)
指定第一个点或［方式(M)/节点(K)/对象(O)］:_M　　　　　(系统自动选择)
输入样条曲线创建方式［拟合(F)/控制点(CV)］<拟合>:_FIT

（系统自动选择拟合方式）

当前设置:方式=拟合　节点=弦　　　　　　　　（显示当前方式下的样条曲线设置）
指定第一个点或［方式(M)/节点(K)/对象(O)］:　　　　　　(单击第 1 个点)
输入下一个点或［起点切向(T)/公差(L)］:　　　　　　　　(单击第 2 个点)
输入下一个点或［端点相切(T)/公差(L)/放弃(U)］:　　　　(单击第 3 个点)

输入下一个点或[端点相切(T)/公差(L)/放弃(U)/闭合(C)]： （单击第 4 个点）
输入下一个点或[端点相切(T)/公差(L)/放弃(U)/闭合(C)]： （单击第 5 个点）
输入下一个点或[端点相切(T)/公差(L)/放弃(U)/闭合(C)]： （单击第 6 个点）
输入下一个点或[端点相切(T)/公差(L)/放弃(U)/闭合(C)]： （单击第 7 个点）
输入下一个点或[端点相切(T)/公差(L)/放弃(U)/闭合(C)]： （单击第 8 个点）
输入下一个点或[端点相切(T)/公差(L)/放弃(U)/闭合(C)]： （单击第 9 个点）
输入下一个点或[端点相切(T)/公差(L)/放弃(U)/闭合(C)]： （回车）

完成样条曲线的绘制，如图 5-2-8 所示。同样的方法绘制局部放大图中的波浪线。

（4）绘制剖面符号　绘制主视图和移出断面图的剖面符号。

### 第 6 步　标注尺寸及尺寸公差

参照任务 5.1 完成尺寸及尺寸公差的标注。标注所有尺寸，如图 5-2-9 所示。

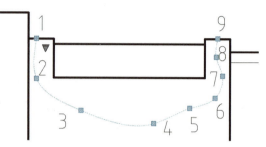

图 5-2-8　绘制样条曲线

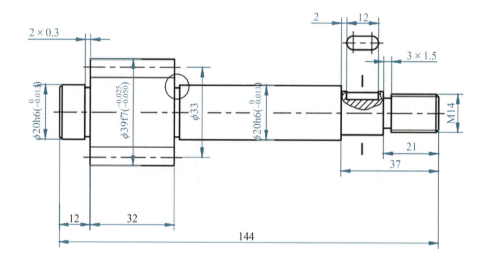

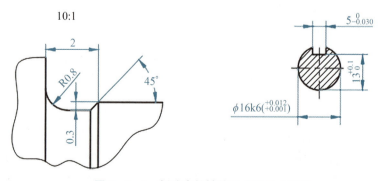

图 5-2-9　标注齿轮轴的尺寸及尺寸公差

#### 第7步 标注表面结构

参照任务 5.1 完成表面结构的标注,如图 5-2-10 所示。

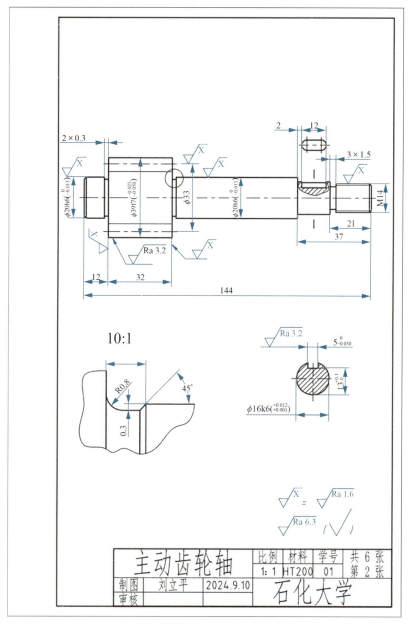

图 5-2-10 标注齿轮轴的表面结构

#### 第8步 标注几何公差

参照任务 5.1 完成几何公差的标注,如图 5-2-11 所示。

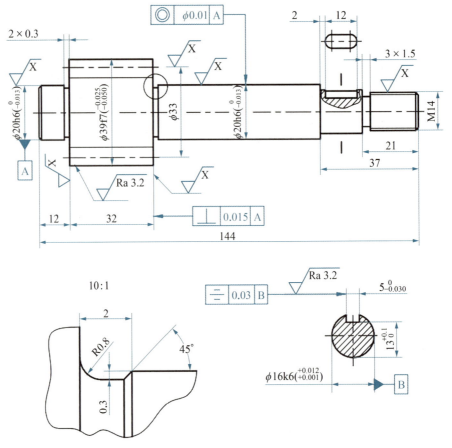

图 5-2-11 标注齿轮轴的几何公差

**第 9 步 绘制参数表**

在图纸的右上角绘制参数表格,用"多行文字"注写汉字、字母、数字,注意字体的格式,如图 5-2-12 所示。

| 模数 | m | 3 |
| 齿数 | Z | 11 |
| 齿形角 | α | 20° |
| 精度等级 | | 7-Dc |

图 5-2-12 绘制参数表

**第 10 步 注写文字**

用多行文字命令注写文字,注意文字大小。

#### 第11步 检查、修改,保存文件

检查、修改、调整,完成齿轮轴零件图,如图5-2-1所示。保存文件。

### 模仿练习

按1∶1的比例抄画如图1-1-7所示轴的零件图。

## 任务 5.3 ▶ 绘制泵体零件图

### 工作任务

在教师的指导下,完成图5-3-1所示泵体零件图的绘制任务。具体要求见表5-3-1工作任务单。

表5-3-1 工作任务单

| 任务介绍 | 在教师的指导下,完成泵体零件图的绘制任务 |
|---|---|
| 任务要求 | 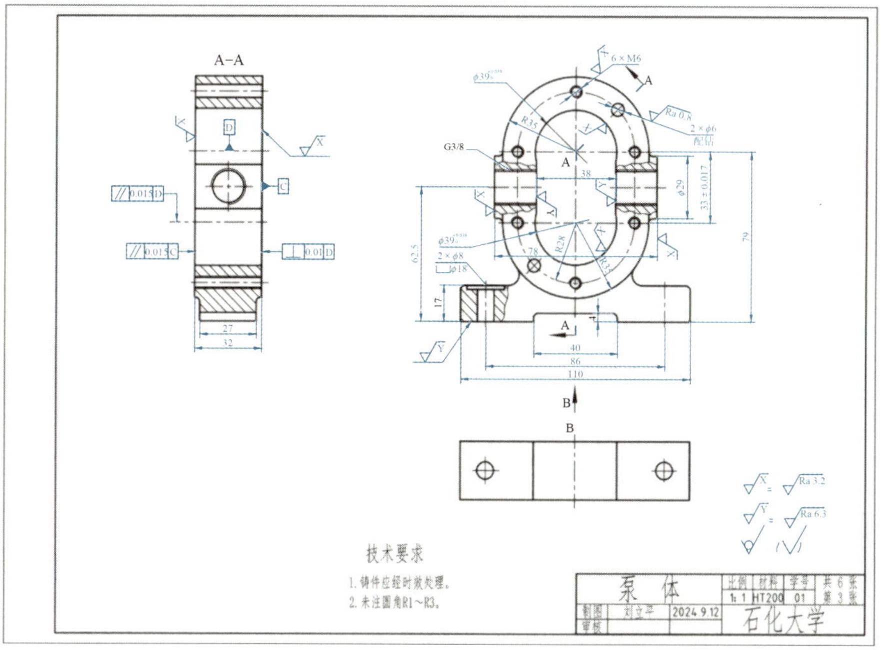 图5-3-1 泵体零件图 |

续 表

| | |
|---|---|
| | 绘制图框、标题栏(A3 图幅横放)<br>按 1∶1 的比绘制泵体零件图<br>标注尺寸和尺寸公差等技术要求<br>不同线型的图线放在不同的图层,尺寸标注必须放在单独的图层上<br>布图合理 |
| 绘图工具 | 多媒体教师机或网络机房,计算机每人一套,AutoCAD 软件(最新版本) |
| 学习目标 | 巩固 AutoCAD 软件绘制零件图技巧<br>培养精益求精的职业素养和快速学习新技能的能力 |
| 学习重点 | 利用 AutoCAD 软件绘制箱体零件图<br>零件图技术要求的标注 |
| 学习难点 | 局部剖视图画法<br>尺寸公差的标注 |
| 参考标准 | GB/T 131—2006　产品几何技术规范(GPS)　技术产品文件中表面结构的表示法 |

## 任务实施

### 第 1 步　新建图层

新建粗实线、细实线、细点画线、尺寸标注、表面结构、几何公差、文字等需要的图层。

### 第 2 步　设置文字样式

创建"数字字母"和"汉字"的文字样式。

### 第 3 步　设置尺寸样式

修改"ISO‑25"标注样式,新建"圆内标注"等标注样式。

### 第 4 步　绘制图框和标题栏

### 第 5 步　绘制视图

按照 1∶1 绘制泵体的视图,如图 5‑3‑2 所示。

### 第 6 步　标注尺寸及尺寸公差

完成尺寸及尺寸公差的标注,如图 5‑3‑3 所示。

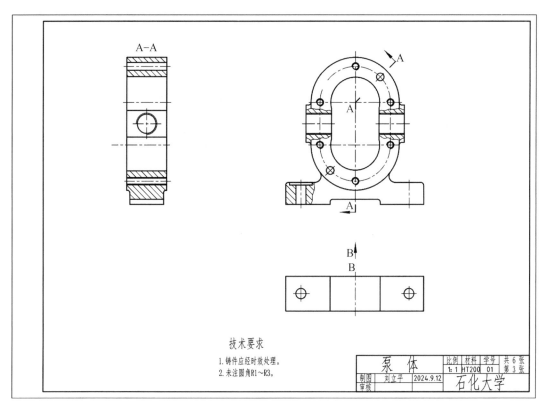

图 5-3-2　绘制泵体视图

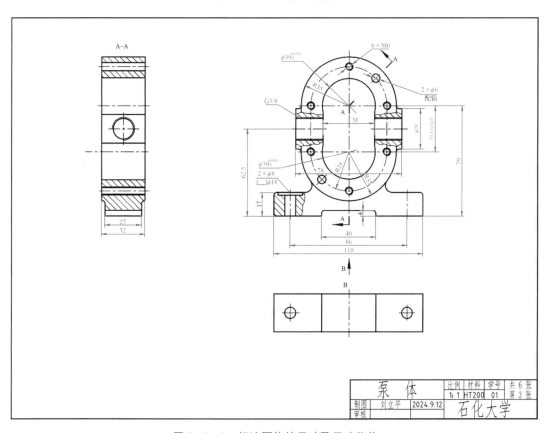

图 5-3-3　标注泵体的尺寸及尺寸公差

### 第7步 标注表面结构

完成表面结构的标注,如图 5-3-4 所示。

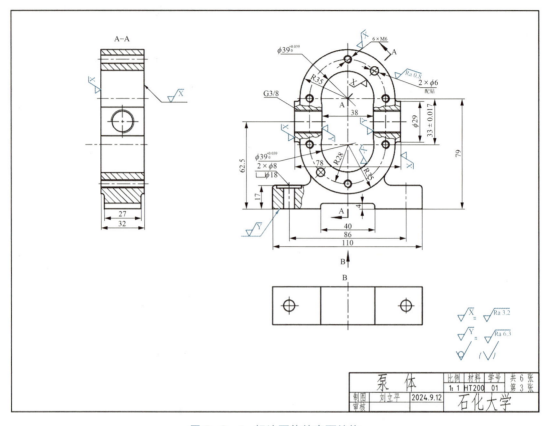

图 5-3-4 标注泵体的表面结构

### 第8步 标注几何公差

完成几何公差的标注,如图 5-3-5 所示。

### 第9步 注写文字

用多行文字命令注写文字,注意文字大小。

### 第10步 检查、修改,保存文件

检查、修改、调整,完成泵体图,如图 5-3-1 所示。保存文件。

**模仿练习**

按1:1的比例抄画压盖螺母的零件图,如图 5-3-6 所示。

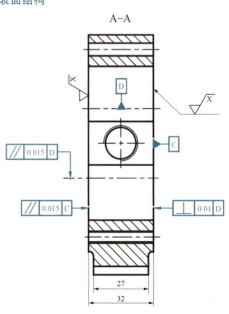

图 5-3-5 标注泵体的几何公差

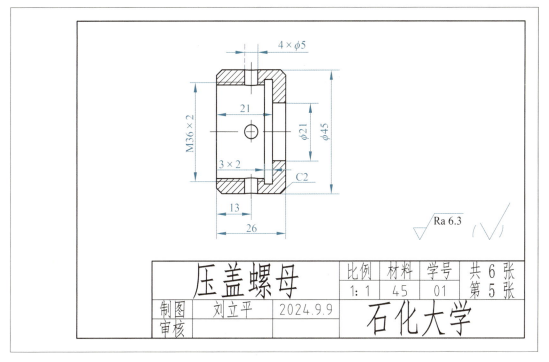

图 5-3-6 压盖螺母零件图

◆ 操作技巧

如何按照设计者的绘图习惯快速设置图层、文字样式、标注样式等绘图环境并保存,以后新建图纸都带上这些设置好的格式,不用重复设置了?

用样板文件来解决。创建、调用样板文件的步骤如下。

1. 创建样板文件

第 1 步:设置绘图环境

① 创建新图形文件。

② 设置绘图单位(使用默认的绘图单位)。

③ 设置图形界限(A0、A1、A2、A3、A4)。

④ 使绘图界限充满显示区。

第 2 步:设置图层:新建所需图层,设置颜色、线型、线宽。

第 3 步:设置文字样式:新建所需文字样式,设置字库、效果等。

第 4 步:设置尺寸样式:新建尺寸样式,设置线、符号、箭头、文字、主单位等。

第 5 步:绘制图框。

第 6 步:绘制标题栏。

第 7 步:创建常用符号图块(如标题栏、表面结构等)。

第 8 步:保存样板文件。单击下拉菜单【文件】|【另存为】,弹出如图 5-3-7 所示的"图形另存为"对话框。在"文件类型"下拉列表框中选择"AutoCAD 图形样板(*.dwt)",输入

文件名"A4样板"。单击【保存】按钮,弹出"样板选项"对话框,输入相关说明,如图 5-3-8 所示。

图 5-3-7 "图形另存为"对话框

图 5-3-8 "样板选项"对话框

用同样的方法建立 A3、A2、A1、A0 不同幅面,不同图框格式的样本文件。

2. 调用样板文件

单击下拉菜单【文件】|【新建】,弹出"选择样板"对话框。在"文件类型"下拉列表框中选择"AutoCAD 图形样板(*.dwt)",输入文件名"A4 样板",如图 5-3-9 所示。单击【保存】按钮,弹出"样板说明"对话框,输入相关说明。

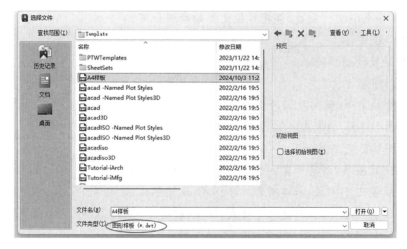

图 5-3-9 "选择样板"对话框

## 拓展训练

1. 按照1∶1的比例绘制螺杆的零件图。

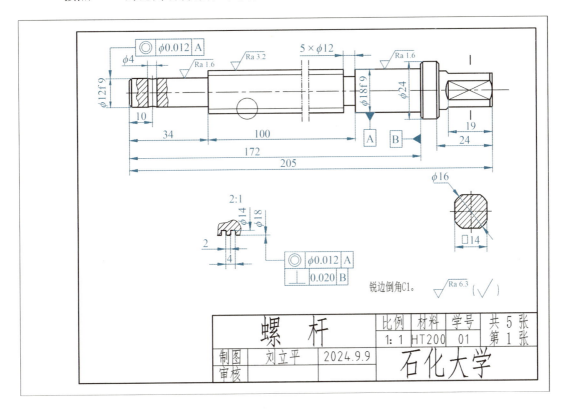

2. 按照1∶1的比例绘制阀盖的零件图。
3. 按照1∶1的比例绘制拨叉的零件图。
4. 按照1∶2的比例绘制钳座的零件图。

## 技能拔高

1. 按照1∶1的比例绘制泵体的零件图。
2. 按照1∶1的比例绘制阀体的零件图。
3. 按照1∶1的比例绘制箱座的零件图。
4. 按照1∶1的比例绘制箱盖的零件图。

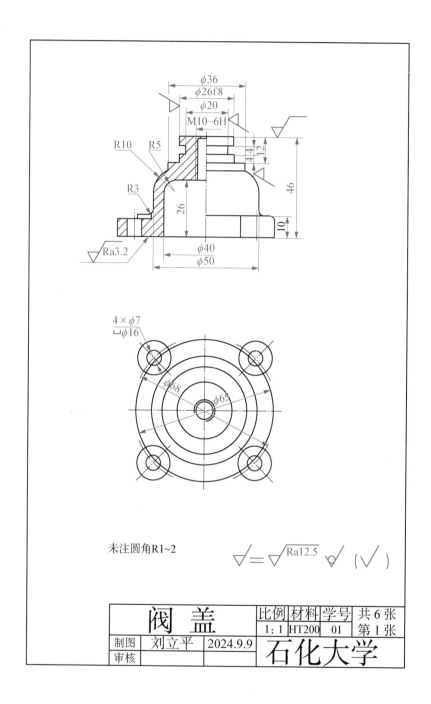

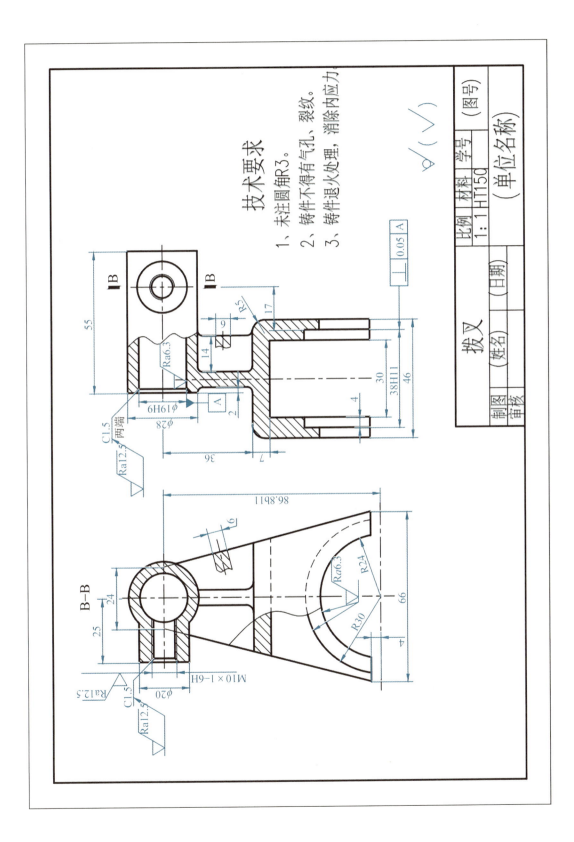

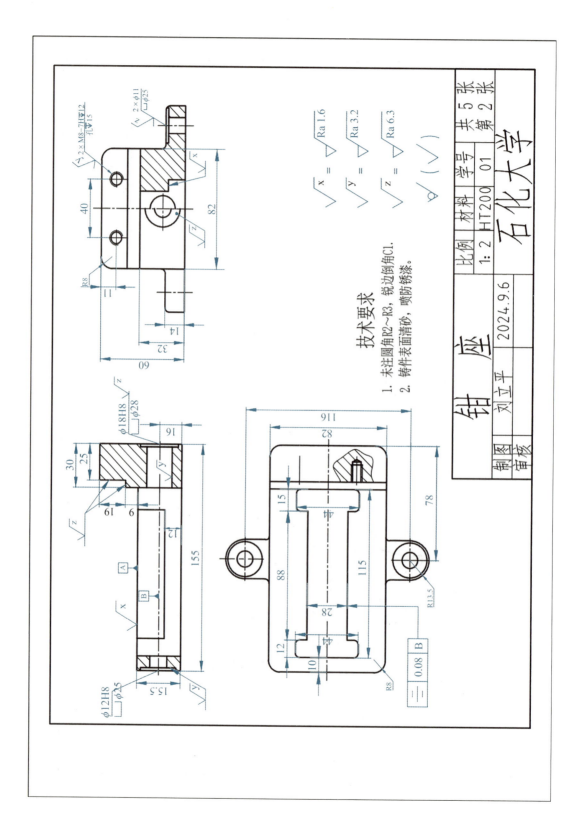

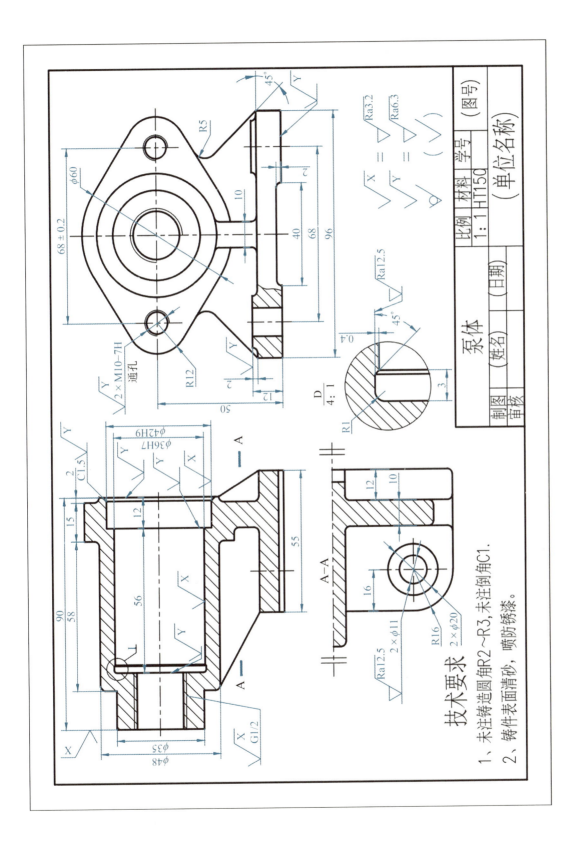

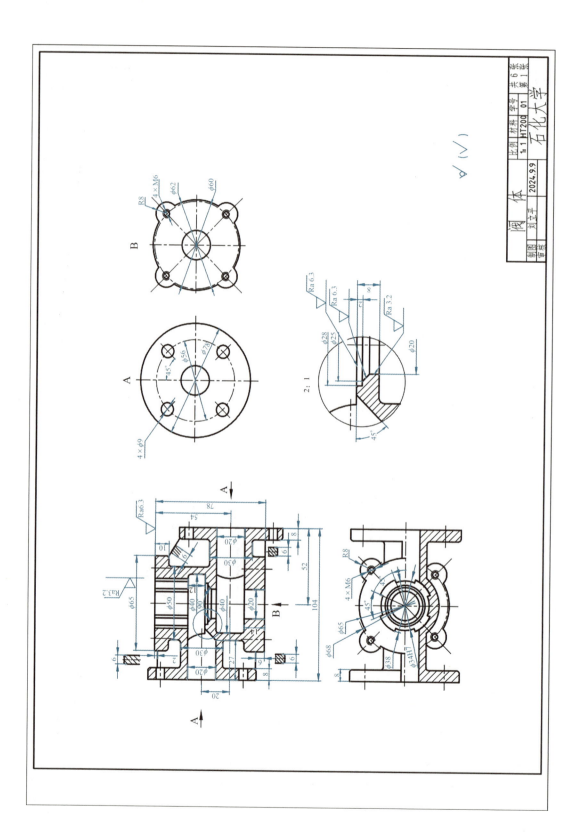

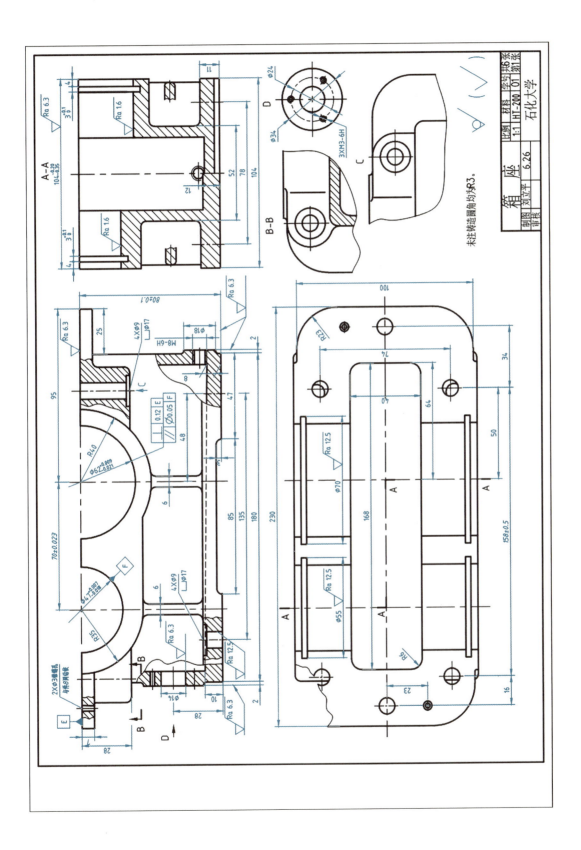

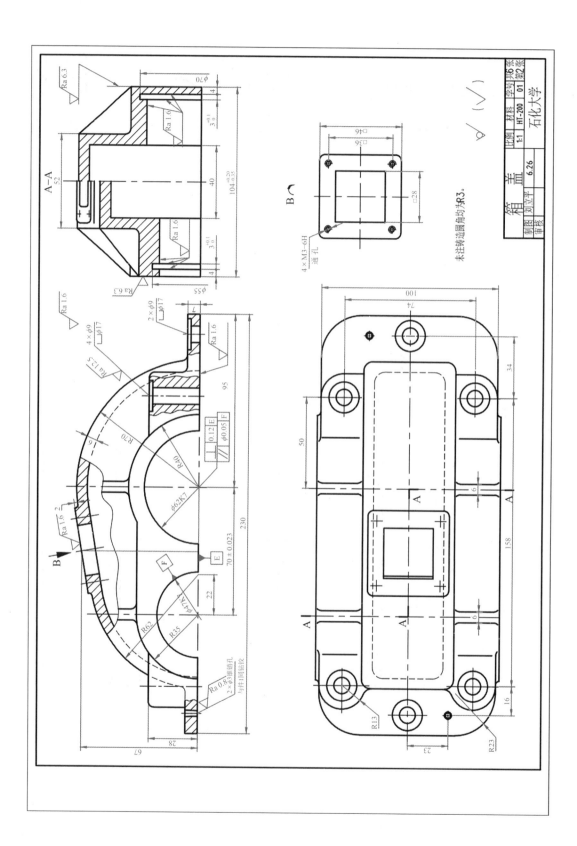

## 项目小结

| 项目使用命令 | | | |
|---|---|---|---|
| 序号 | 命令名称 | 完整 | 快捷 |
| 1 | 直线 | Line | L |
| 2 | | | |
| 3 | | | |
| 4 | | | |
| 5 | | | |
| 6 | | | |
| 7 | | | |
| 8 | | | |
| 9 | | | |
| 10 | | | |
| 11 | | | |
| 12 | | | |
| … | | | |

## 考核评价

| 自我评价 | | | |
|---|---|---|---|
| 评价项目 | 评价等级（在合适的等级内打"√"） | | |
| | 熟练掌握 | 基本掌握 | 未掌握 |
| 图层的设置与管理 | | | |
| 文字样式的设置 | | | |
| 标注样式的设置 | | | |
| 图框、标题栏的绘制 | | | |
| 零件图视图的绘制 | | | |
| 尺寸的标注 | | | |
| 尺寸公差的标注 | | | |
| 表面结构的标注 | | | |
| 几何公差的标注 | | | |
| 文字的注写 | | | |
| 布图合理、美观 | | | |

续 表

| 综合评价 | A:100~90； B:89~80； C:79~70； D:69~60； E:59~0 |
| --- | --- |
| | ☐A ☐B ☐C ☐D ☐E |
| 未掌握原因及改进措施 | |

| 小组评价 | | | | | |
| --- | --- | --- | --- | --- | --- |
| 评价项目 | 评价等级（在合适的等级内打"√"） | | | | |
| | A:100~90； B:89~80； C:79~70； D:69~60； E:59~0 | | | | |
| 学习能力 | ☐A | ☐B | ☐C | ☐D | ☐E |
| 实践创新 | ☐A | ☐B | ☐C | ☐D | ☐E |
| 工程素养 | ☐A | ☐B | ☐C | ☐D | ☐E |
| 协作互助 | ☐A | ☐B | ☐C | ☐D | ☐E |
| 综合评价 | ☐A | ☐B | ☐C | ☐D | ☐E |

| 教师评价 | | | | | |
| --- | --- | --- | --- | --- | --- |
| 评价项目 | 评价等级（在合适的等级内打"√"） | | | | |
| | A:100~90； B:89~80； C:79~70； D:69~60； E:59~0 | | | | |
| 图层的设置与管理 | ☐A | ☐B | ☐C | ☐D | ☐E |
| 文字样式的设置 | ☐A | ☐B | ☐C | ☐D | ☐E |
| 标注样式的设置 | ☐A | ☐B | ☐C | ☐D | ☐E |
| 绘制图框标、题栏 | ☐A | ☐B | ☐C | ☐D | ☐E |
| 绘制零件图视图 | ☐A | ☐B | ☐C | ☐D | ☐E |
| 标注尺寸 | ☐A | ☐B | ☐C | ☐D | ☐E |
| 标注尺寸公差 | ☐A | ☐B | ☐C | ☐D | ☐E |
| 标注表面结构 | ☐A | ☐B | ☐C | ☐D | ☐E |
| 标注几何公差 | ☐A | ☐B | ☐C | ☐D | ☐E |
| 文字的注写 | ☐A | ☐B | ☐C | ☐D | ☐E |
| 布图合理、美观 | ☐A | ☐B | ☐C | ☐D | ☐E |
| 学习能力 | ☐A | ☐B | ☐C | ☐D | ☐E |
| 实践创新 | ☐A | ☐B | ☐C | ☐D | ☐E |
| 工程素养 | ☐A | ☐B | ☐C | ☐D | ☐E |
| 团队协作 | ☐A | ☐B | ☐C | ☐D | ☐E |
| 综合评价 | ☐A | ☐B | ☐C | ☐D | ☐E |

# 项目六　AutoCAD 绘制装配图

本项目通过 3 个任务学习利用 AutoCAD 软件绘制装配图。通过任务实施，学习按照国家标准绘制图框、标题栏、明细栏，绘制装配图视图，设置文字样式、标注样式，并正确标注装配图中的尺寸、零部件序号、技术要求等。作图保证线型、线宽、颜色正确，养成严谨认真的工作态度。遵守工程技术人员应恪守的诚信、学术道德和行为规范，不复制、不给他人复制任务成果。通过项目训练掌握制图员的基本技能，培养工程素养；以积极心态开展合作性学习，提高团队协作的能力。树立文化自信。通过实践创新项目，开拓思路，提高解决问题的能力；通过拓展训练和技能拔高栏目，不断提高绘图技能和思路。

项目六
- 任务 6.1　绘制齿轮油泵装配图
  - 调用样板文件
  - 创建零件块
  - 插入零件块
  - 编辑视图
  - 标注尺寸——配合尺寸
    - "引出线性直径"标注样式
    - 创建块
    - 插入块
  - 标注零部件序号
    - 新建"序号"标注样式
    - "创建引线和注释"标注
  - 绘制明细栏
  - 文字对齐
- 任务 6.2　绘制安全阀装配图
  - 绘制零件图
  - 创建零件块
  - 区域覆盖
  - 绘图次序
    - 前置
    - 后置
  - 绘制装配图
  - 标注尺寸
  - 标注零部件序号
  - 绘制明细栏
- 任务 6.3　绘制机用虎钳装配图——利用区域覆盖绘制装配图
- 任务 6.4　绘制齿轮减速器装配图——利用区域覆盖绘制装配图

## 任务 6.1 ▶ 绘制齿轮油泵装配图

工作任务

在教师的指导下,完成图 6-1-1 所示齿轮油泵装配图的绘制任务。具体要求见表 6-1-1 工作任务单。

表 6-1-1 工作任务单

| 任务介绍 | 在教师的指导下,完成齿轮油泵装配图的绘制任务 |
|---|---|
| 任务要求 | 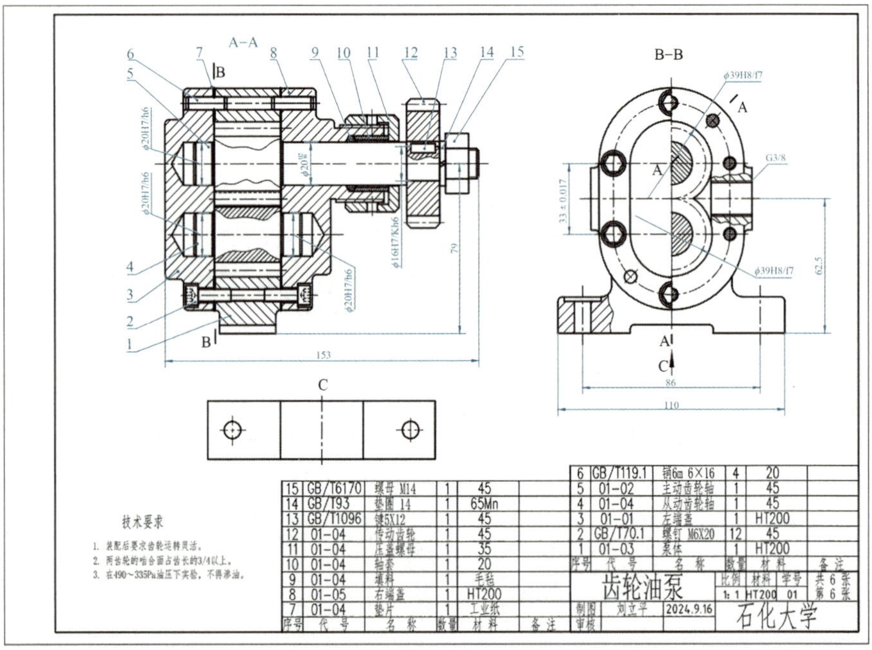 图 6-1-1 齿轮油泵装配图<br>绘制图框、标题栏(A3 图幅横放)<br>按 1∶1 的比例绘制齿轮油泵装配图<br>标注尺寸<br>标注零部件序号<br>绘制明细栏<br>不同线型的图线放在不同的图层,尺寸标注、序号必须放在单独的图层上<br>布图合理 |
| 绘图工具 | 多媒体教师机或网络机房,计算机每人一套,AutoCAD 软件(最新版本) |
| 学习目标 | 学会利用 AutoCAD 软件绘制齿轮油泵装配图<br>能够正确设置、管理图层 |

续 表

| 学习重点 | 能够正确设置文字样式和尺寸样式<br>正确绘制装配图<br>培养严谨认真、精益求精的职业素养 |
|---|---|
| 学习重点 | 利用 AutoCAD 软件绘制装配图<br>管理图层、文字样式、尺寸样式 |
| 学习难点 | 装配图的编辑修改<br>零部件序号的标注 |
| 参考标准 | GB/T 131—2006　产品几何技术规范(GPS)　技术产品文件中表面结构的表示法 |

## 知识链接

利用 AutoCAD 软件绘制装配图一般采用以下方法：

（1）方法一　图块插入法　先绘制零件图，然后将零件图所需视图创建成图块；绘制装配图时将所需图块插入，分解图块，编辑、修改完成装配图。

（2）方法二　设计中心调用法　从"设计中心"拖入所需零件图，分解图块，编辑、修改完成装配图。

（3）方法三　剪切板交换数据法　利用"复制"命令，将零件图中所需的视图复制到剪贴板；然后使用"粘贴"命令，将图形粘贴到装配图，编辑、修改完成装配图。

（4）方法四　区域覆盖法　先将装配图中零件相互遮挡区域覆盖，然后装配；再进行细节上的编辑、修改，完成装配图。

本任务采用图块插入法绘制装配图。

## 任务实施

### 第 1 步　调用样板文件，填写标题栏

调用"A3 样板"文件。

### 第 2 步　创建零件块

绘制好所有零件图，关闭尺寸、表面结构、几何公差等图层，创建以零件名称命名的块。

> **重点提示**
> 零件创建块时选择的基点是根据各零件间的装配关系确定的。有的零件创建块时可以选择多个基点，如左端盖、右端盖等，但有的零件只能选择一个基点，如齿轮、压盖

螺母等,如图 6-1-2 所示。

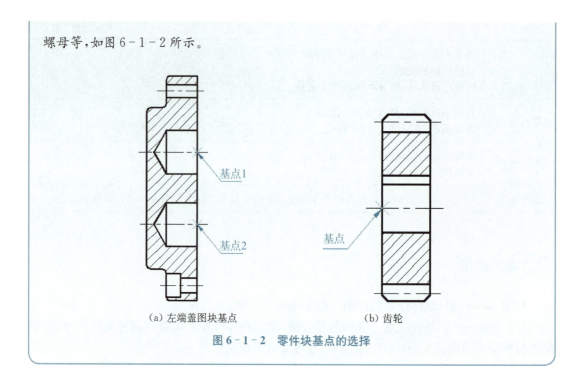

图 6-1-2 零件块基点的选择

### 第 3 步 插入零件图块

主视图按照零件装配关系依次插入零件块,如图 6-1-3 所示。

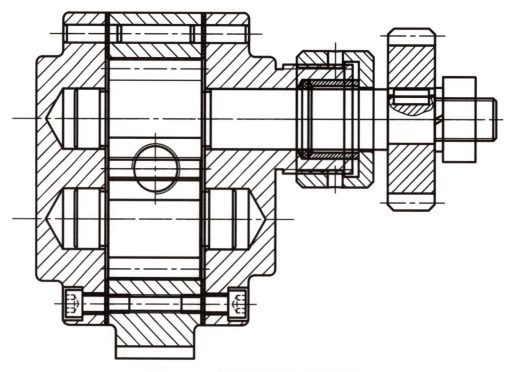

图 6-1-3 齿轮油泵装配图—插入零件块

#### 第 4 步  编辑图形

运用分解、删除、修剪、绘图等命令,将图 6-1-3 编辑成图 6-1-4。

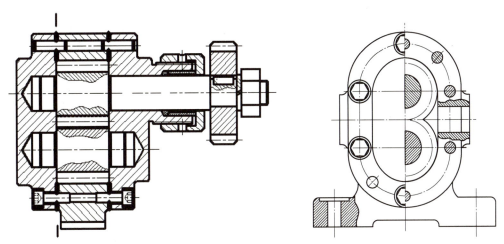

图 6-1-4  绘制齿轮油泵装配图—编辑图形

#### 第 5 步  标注尺寸

在"线性直径"样式的基础上新建标注样式,输入样式名称"引出线性直径"。在"修改标注样式"对话框"调整"选项卡的"文字位置"选择"尺寸线上方,带引线"选项,如图 6-1-5 所示。用该标注样式标注 3 个 $\phi 20H7/h6$。标注全部尺寸,结果如图 6-1-6 所示。

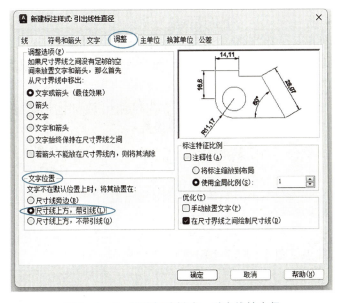

图 6-1-5  新建标注样式—引出线性直径

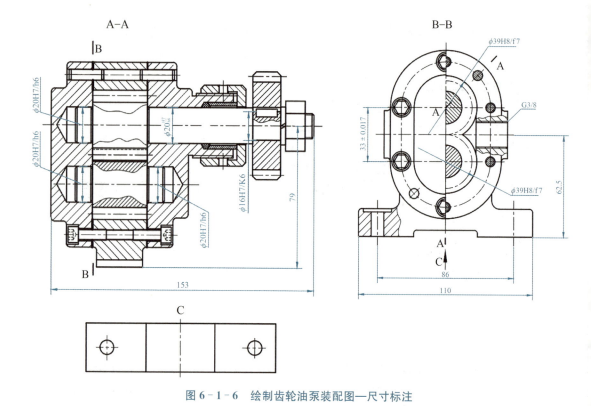

图 6-1-6 绘制齿轮油泵装配图—尺寸标注

## 第 6 步 标注零部件序号

(1) 新建"序号"标注样式 文字高度设置为 5 或 7。
(2) 标注零部件序号 用"创建引线和注释"命令标注零部件序号。

命令行输入"LE",执行"创建引线和注释"命令,回车,弹出"引线设置"对话框,分别设置"注释""引线"和"箭头""附着"选项卡如下:

"注释"选项卡中注释类型"多行文字"。"引线和箭头"选项卡中箭头"小点"。"附着"选项卡中"最后一行加下划线"。单击【确定】。系统提示:

指定第一个引线点或[设置(S)]<设置>: (在泵体零件轮廓内拾取点)
指定下一点: (在屏幕上适当位置拾取点)
指定下一点: 0.1 (在屏幕上捕捉到0°极轴,输入"0.1",见图 6-1-7(a)所示)
输入注释文字的第一行<多行文字(M)>:1 (输入"1")
输入注释文字的下一行: (回车)

标注序号"1",结果见图 6-1-7(b)。

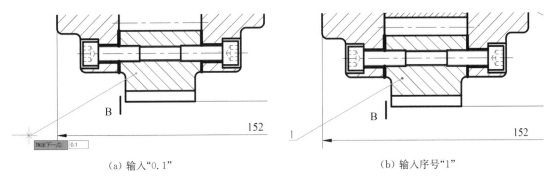

(a) 输入"0.1"　　　　　　　　　(b) 输入序号"1"

图 6-1-7　标注序号

同样方法标注序号 2～15，如图 6-1-8 所示。

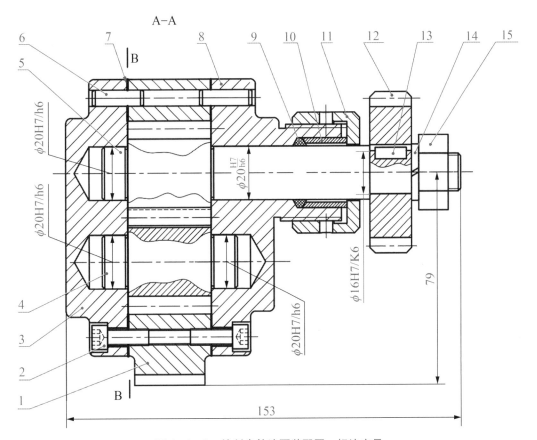

图 6-1-8　绘制齿轮油泵装配图—标注序号

**第 7 步　绘制标题栏、明细栏，编写技术要求**

用"多行文字"注写标题栏、明细栏、技术要求，文字样式为长仿宋体，文字高度为 5 号字和 10 号字，如图 6-1-9 所示。

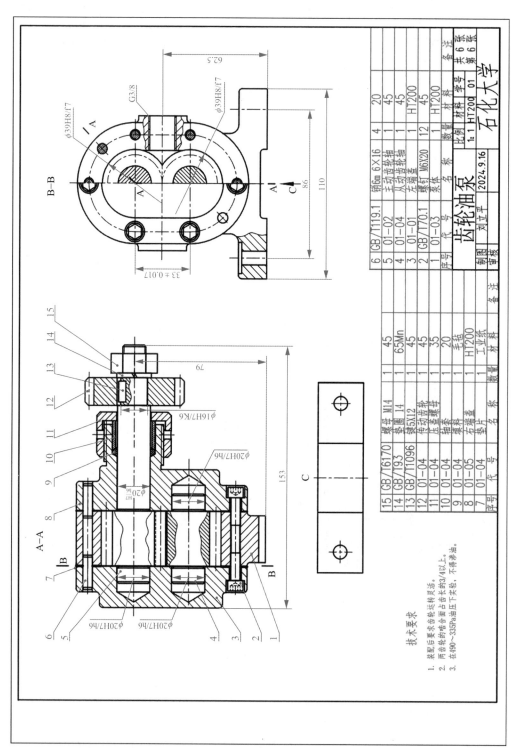

图 6-1-9 绘制齿轮油泵装配图—明细栏、技术要求

**第 8 步　检查、修改、保存文件**

检查修改,保存文件。

> **重点提示**
>
> 装配图中各零件的剖面线是看图时区分不同零件的重要依据之一,必须按照制图国家标准相关规定绘制。剖面线的间隔可按零件的大小来决定,不宜太稀或太密。

◆ 操作技巧

如何将不同行的文字(如图 6-1-10)对齐(如图 6-1-11)？

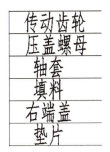

图 6-1-10　未对齐的文字　　　　图 6-1-11　对齐的文字

AutoCAD 提示如下：

命令：TA

TEXTALIGN

当前设置：对齐=左对齐,间距模式=当前垂直

选择要对齐的文字对象[对齐(I)/选项(O)]：指定对角点：找到 6 个

（选择要对齐的文字）

选择要对齐的文字对象[对齐(I)/选项(O)]：　　　　　　　　（回车结束选择）

选择要对齐到的文字对象[点(P)]：P　　　　　　　　　　　（输入"P",回车）

拾取第 1 个点：　　　　　　　　　　　　　　　　（单击要对齐的第 1 点）

间距模式：当前垂直　　　　　　　　　　　　　　　（追踪竖直向下的极轴）

拾取第 2 个点或[选项(O)]：　　　　　　　　　　　　　　　　（单击第 2 点）

完成文字对齐。

## 任务 6.2 ▶ 绘制安全阀装配图

📊 **工作任务**

在教师的指导下,完成图 6-2-1 所示安全阀装配图的绘制任务。具体要求见表 6-2-1

工作任务单。

表 6-2-1　工作任务单

**任务介绍**：在教师的指导下，完成安全阀装配图的绘制任务

**任务要求**：

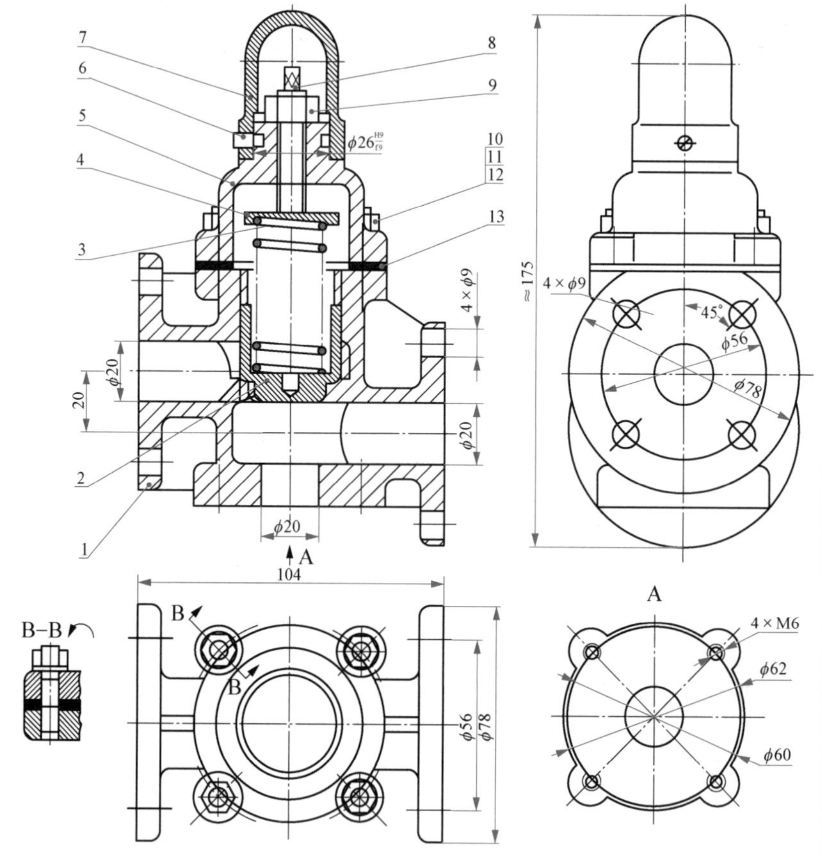


技术要求

1. 阀门与阀体之间的结合面需经研磨，不漏水和气。
2. 当阀门关紧后，高压部分能耐压10kg/cm²。
3. 未加工表面涂防锈漆。
4. 安全阀与管道连接处需加橡胶石棉垫 XB350

| 序号 | 代号 | 名称 | 数量 | 材料 | 备注 |
|---|---|---|---|---|---|
| 13 | 02-04 | 垫片 | 1 | 工业纸 | |
| 12 | GB/T 97.1 | 垫圈6 | 4 | 45 | |
| 11 | GB/T 6170 | 螺母M6 | 4 | 45 | |
| 10 | GB/T 899 | 螺柱M6×25 | 4 | 45 | |
| 9 | GB/T 6170 | 螺母M10 | 1 | 45 | |
| 8 | 02-01 | 阀杆 | 1 | 35 | |
| 7 | 02-04 | 阀帽 | 1 | ZL101 | |
| 6 | GB/T 75 | 螺钉M5×10 | 1 | 35 | |
| 5 | 02-02 | 阀盖 | 1 | ZL101 | |
| 4 | 02-03 | 弹簧托盘 | 1 | H62 | |
| 3 | 02-03 | 弹簧 | 1 | 65Mn | |
| 2 | 02-03 | 阀门 | 1 | H62 | |
| 1 | 02-01 | 阀体 | 1 | ZL101 | |

| | | | | | | |
|---|---|---|---|---|---|---|
| 安全阀 | | 比例 | 材料 | 学号 | 共5张 | |
| | | 1:1 | HT200 | 01 | 第5张 | |
| 制图 | 刘立平 | 2024.9.20 | 石化大学 | | | |
| 审核 | | | | | | |

图 6-2-1　安全阀装配图

绘制图框、标题栏（A3 图幅竖放）

按 1∶1 的比例绘制安全阀装配图

标注尺寸

标注零部件序号

续 表

| | |
|---|---|
| | 绘制明细栏<br>不同线型的图线放在不同的图层,尺寸标注、序号必须放在单独的图层上<br>布图合理 |
| 绘图工具 | 多媒体教师机或网络机房,计算机每人一套,AutoCAD软件(最新版本) |
| 学习目标 | 学会利用AutoCAD软件绘制安全阀装配图<br>能够正确设置、管理图层<br>能够正确设置文字样式和尺寸样式<br>能够利用区域覆盖功能正确绘制装配图<br>培养严谨认真、精益求精的职业素养 |
| 学习重点 | 利用AutoCAD软件绘制装配图<br>管理图层、文字样式、尺寸样式 |
| 学习难点 | 区域覆盖命令的使用方法<br>绘图次序的使用方法 |
| 参考标准 | GB/T 131—2006　产品几何技术规范(GPS)　技术产品文件中表面结构的表示法 |

### 任务实施

**第1步　调用样板文件,填写标题栏**

调用"A2样板"文件,按照本次任务填写标题栏。

**第2步　绘制零件图**

按照装配图中各零件的表达,在零件图基础上修改所有零件图。比如阀盖,其零件图只有主、俯视图,如图6-2-2(a)所示。在装配图中需要左视图,原主视图为半剖视图,在装配图中是全剖视图。修改后阀盖的三视图如图6-2-2(b)所示。

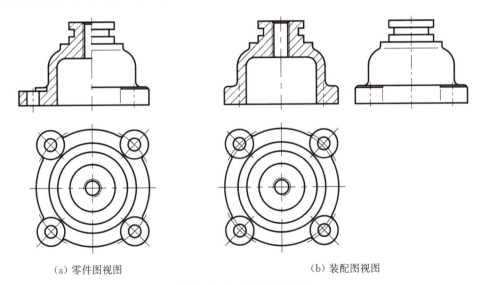

(a) 零件图视图　　　　　　　(b) 装配图视图

图6-2-2　阀盖视图修改

按照装配图修改所有零件。

**第3步　创建零件块**

为绘制好的所有零件图创建块。零件创建块时的基点是根据各零件间的装配关系确定的。比如阀门和弹簧托盘块,按照装配关系,选择的基点如图6-2-3所示。

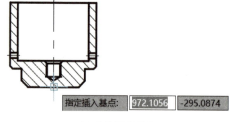

(a) 阀门块的基点　　　　　　　　　　　(b) 弹簧托盘块的基点

图6-2-3　安全阀零件图块的基点

**第4步　区域覆盖绘制装配图**

(1) 区域覆盖　先将阀体的主视图进行区域覆盖。执行"区域覆盖"命令的方法:
① 命令行:输入"wi"(wipeout)。
② 功能区:单击"绘图"面板中的按钮 ▨,如图6-2-4(a)所示。
③ 菜单栏:单击菜单栏【绘图】|【区域覆盖】,如图6-2-4(b)所示。

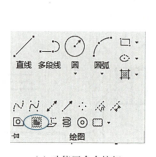

(a) 功能区命令按钮　　　　　　　　　　(b) "绘图"菜单

图6-2-4　执行"区域覆盖"命令的方法

AutoCAD提示如下:

命令:_wipeout
指定第一点或[边框(F)/多段线(P)]<多段线>:　　　　(在阀体图形上单击第1点)
指定下一点:　　　　　　　　　　　　　　　　　　(在阀体图形上单击第2点)
指定下一点或[放弃(U)]:　　　　　　　　　　　　(在阀体图形上单击第3点)
……

……

指定下一点或[闭合(C)/放弃(U)]： （在阀体图形上单击第 n 点）
指定下一点或[闭合(C)/放弃(U)]： （在阀体图形上单击第 1 点,或者输入"c"闭合）
指定下一点或[闭合(C)/放弃(U)]： （回车）
完成区域覆盖的绘制,如图 6-2-5 所示。

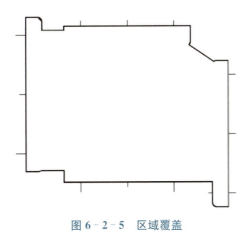

图 6-2-5 区域覆盖

(2) 前置或者后置 当前阀体视图被区域覆盖遮挡,需要执行"绘图次序"中的"前置"或者"后置"命令将视图露出。单击区域覆盖的轮廓图形,右击,弹出快捷菜单,单击"绘图次序"中的"后置",如图 6-2-6 所示;或者单击阀体图形,右击,弹出快捷菜单,单击"绘图次序"中的"前置",如图 6-2-7 所示。两种方法均可以得到阀体图形可见,如图 6-2-8 所示。

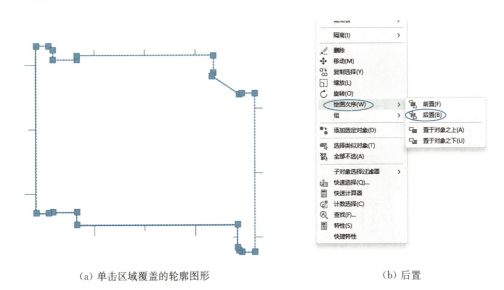

(a) 单击区域覆盖的轮廓图形　　　　　　　　(b) 后置

图 6-2-6 设置绘图次序—后置

重复上述操作,将所有零件的视图进行区域覆盖并前置,使图形可见。

(3) 绘制装配图视图 将阀体、垫片、阀盖、阀帽,按照装配关系移动到主视图正确位置,如图 6-2-9(a)所示。移动内部纵向装配线上零件视图。如选择阀门主视图,执行移动命令,基点为阀门块基点,移动到与阀体正确装配位置,如图 6-2-9(b)所示。命令结束后,

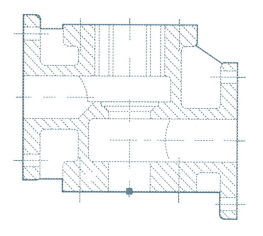
(a) 单击阀体图形

(b) 前置

图 6-2-7 设置绘图次序—前置

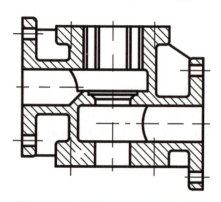

图 6-2-8 阀体主视图完成区域覆盖

阀门块将阀体遮挡,如图 6-2-9(c)所示。移动所有零件主视图,调整前置或者后置,结果如图 6-2-9(d)所示。

重复移动、前置或者后置命令,完成视图的绘制,如图 6-2-9(e)所示。

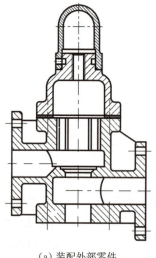

(a) 装配外部零件

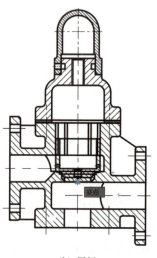

(b) 阀门

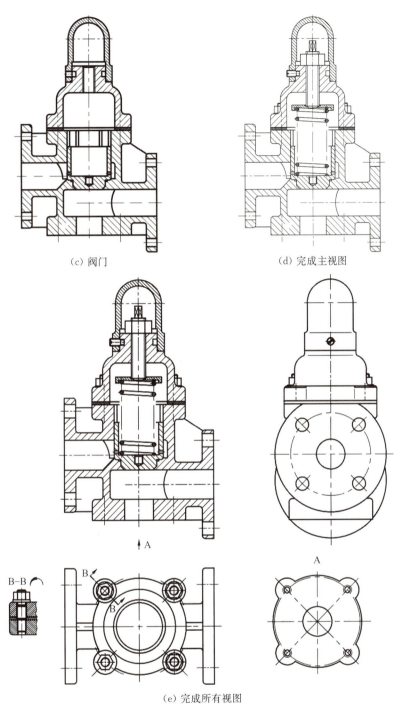

(c) 阀门　　　　　(d) 完成主视图

(e) 完成所有视图

图 6-2-9　绘制安全阀装配图—视图

## 第5步　标注尺寸

标注所有尺寸,如图 6-2-10 所示。

## 第6步　标注零部件序号

用"创建引线和注释"命令标注零部件序号,如图 6-2-11 所示。

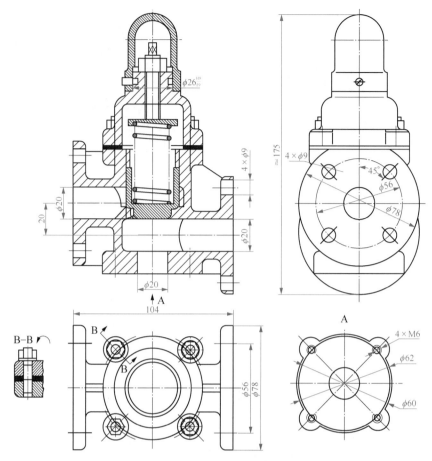

图 6-2-10 绘制安全阀装配图—标注尺寸

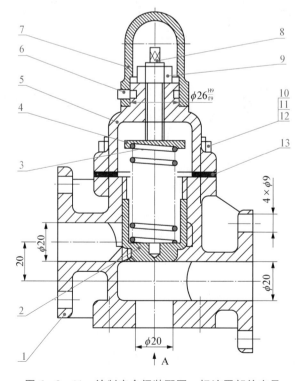

图 6-2-11 绘制安全阀装配图—标注零部件序号

### 第 7 步  绘制明细栏，编写技术要求

绘制明细栏，编写技术要求，如图 6-2-12 所示。

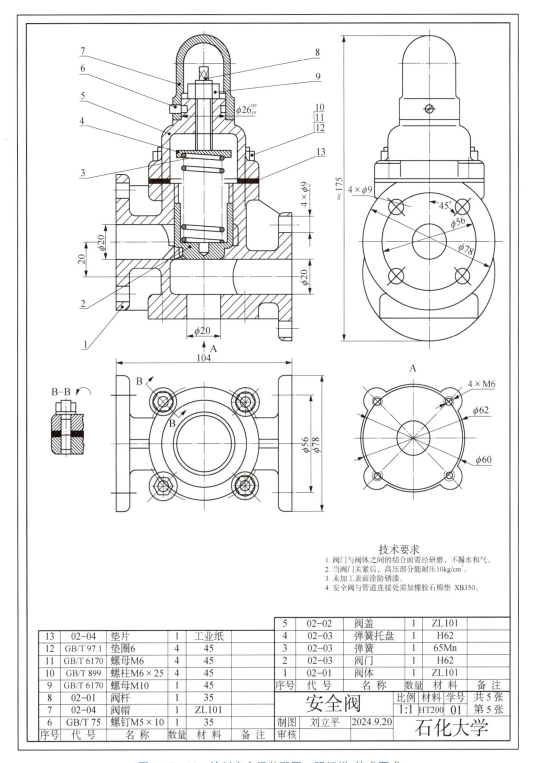

图 6-2-12  绘制安全阀装配图—明细栏、技术要求

### 第8步 检查、修改,保存文件

检查修改,保存文件。

## 任务 6.3 ▶ 绘制机用虎钳装配图

### 工作任务

在教师的指导下,完成图 6-3-1 所示机用虎钳装配图的绘制任务。具体要求见表 6-3-1 工作任务单。

表 6-3-1 工作任务单

| 任务介绍 | 在教师的指导下,完成机用虎钳装配图的绘制任务 |
|---|---|
| 任务要求 | 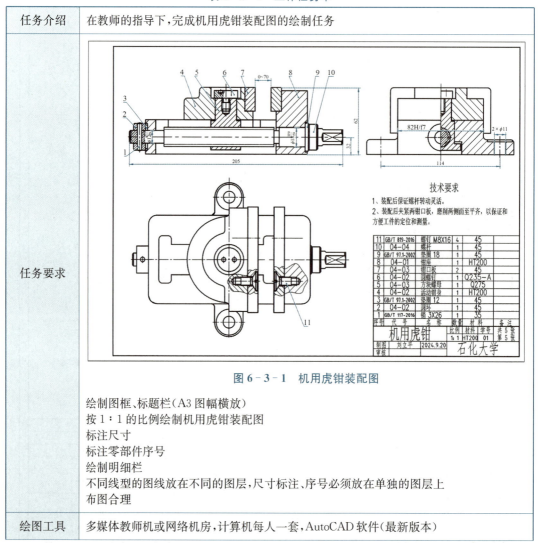<br>图 6-3-1 机用虎钳装配图<br><br>绘制图框、标题栏(A3 图幅横放)<br>按 1∶1 的比例绘制机用虎钳装配图<br>标注尺寸<br>标注零部件序号<br>绘制明细栏<br>不同线型的图线放在不同的图层,尺寸标注、序号必须放在单独的图层上<br>布图合理 |
| 绘图工具 | 多媒体教师机或网络机房,计算机每人一套,AutoCAD 软件(最新版本) |

续 表

| 学习目标 | 学会利用 AutoCAD 软件绘制机用虎钳装配图<br>能够正确设置、管理图层<br>能够正确设置文字样式和尺寸样式<br>能够正确绘制装配图<br>培养严谨认真、精益求精的职业素养 |
|---|---|
| 学习重点 | 利用 AutoCAD 软件绘制机用虎钳装配图<br>管理图层、文字样式、尺寸样式 |
| 学习难点 | 装配图的编辑修改<br>零部件序号的标注 |
| 参考标准 | GB/T 131—2006　产品几何技术规范(GPS)　技术产品文件中表面结构的表示法 |

本任务采用区域覆盖法绘制装配图。

### 任务实施

#### 第 1 步　调用样板文件，填写标题栏

调用"A3样板"文件，按照本次任务填写标题栏。

#### 第 2 步　绘制零件图

按照装配图中各零件的表达，在零件图基础上修改所有零件图。修改后各零件的三视图如图 6-3-2 所示。

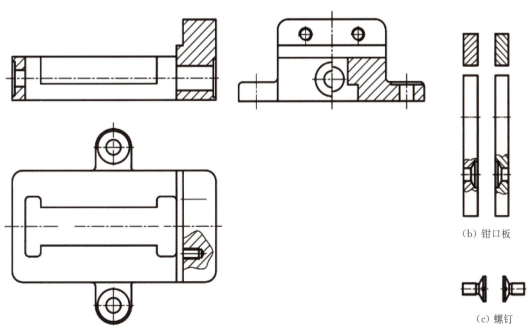

(a) 固定钳座　　(b) 钳口板　　(c) 螺钉

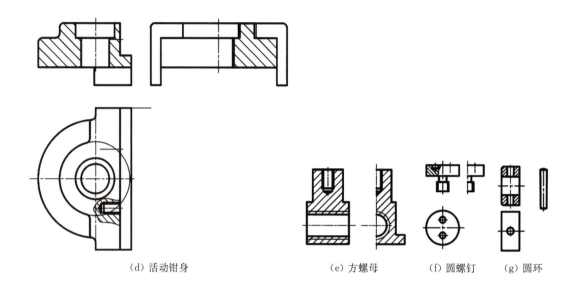

（d）活动钳身　　　　　（e）方螺母　　　（f）圆螺钉　　（g）圆环

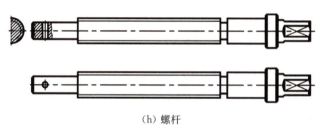

（h）螺杆

图 6-3-2　机用虎钳装配图用零件图

### 第 3 步　创建零件图块

将所有装配图用零件图创建以零件名称命名的块，如"固定钳座—主视图""固定钳座—俯视图""固定钳座—左视图"。

### 第 4 步　区域覆盖并调整绘图次序

将所有装配图用零件图进行区域覆盖，并调整绘图次序，使零件图可见。

### 第 5 步　零件装配

按照装配关系移动零件图，随时调整绘图次序，即零件前置或者后置，使零件可见。完成装配图如图 6-3-3 所示。

### 第 7 步　标注尺寸

标注所有尺寸，如图 6-3-4 所示。

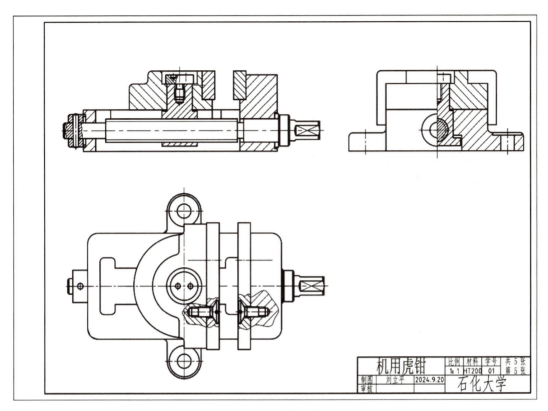

图 6-3-3　绘制机用虎钳装配图—视图

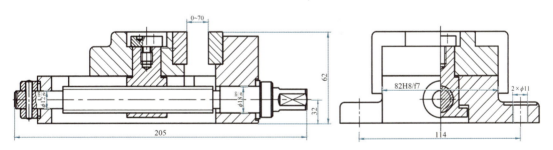

图 6-3-4　绘制机用虎钳装配图—标注尺寸

## 第8步　标注零部件序号

用"创建引线和注释"命令标注零部件序号,如图 6-3-5 所示。

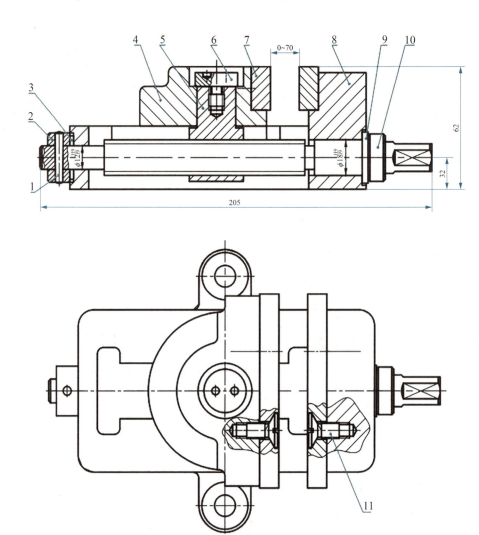

图 6-3-5 绘制机用虎钳装配图—标注零部件序号

### 第 7 步 绘制明细栏,编写技术要求

绘制明细栏,编写技术要求,如图 6-3-6 所示。

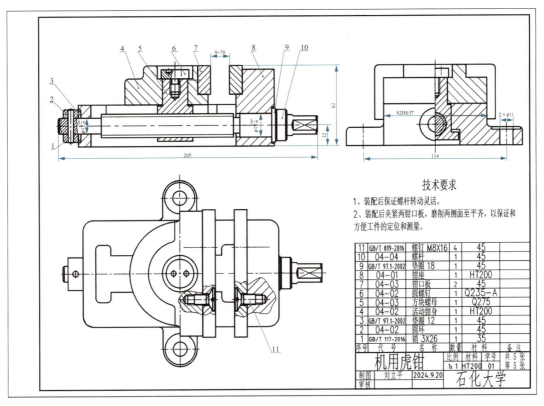

图 6-3-6 绘制机用虎钳装配图—绘制明细栏等

### 第8步 检查、修改、保存文件

检查修改,保存文件。

## 任务 6.4 ▶ 绘制齿轮减速器装配图

### 工作任务

在教师的指导下,完成图 6-4-1 所示齿轮减速器装配图的绘制任务。具体要求见表 6-4-1 工作任务单。

表 6-4-1 工作任务单

| 任务介绍 | 在教师的指导下,完成齿轮减速器装配图的绘制任务 |

续 表

| | |
|---|---|
| 任务要求 | 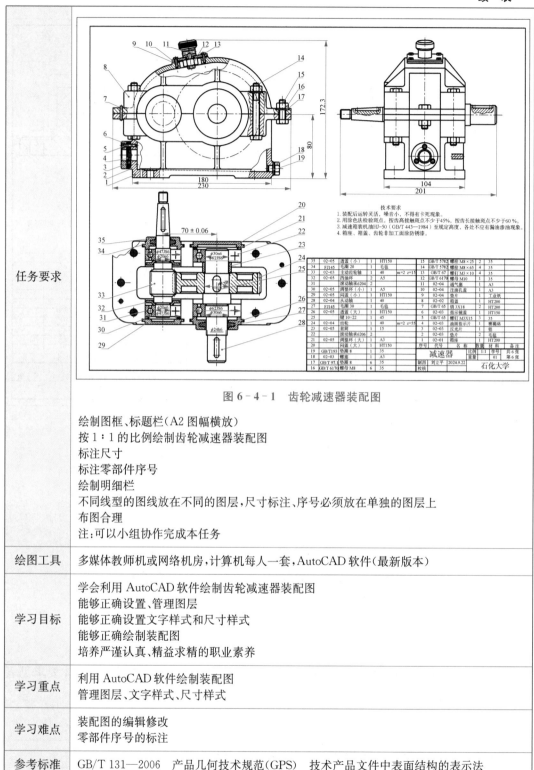<br>图 6-4-1 齿轮减速器装配图<br><br>绘制图框、标题栏(A2 图幅横放)<br>按 1∶1 的比例绘制齿轮减速器装配图<br>标注尺寸<br>标注零部件序号<br>绘制明细栏<br>不同线型的图线放在不同的图层,尺寸标注、序号必须放在单独的图层上<br>布图合理<br>注:可以小组协作完成本任务 |
| 绘图工具 | 多媒体教师机或网络机房,计算机每人一套,AutoCAD 软件(最新版本) |
| 学习目标 | 学会利用 AutoCAD 软件绘制齿轮减速器装配图<br>能够正确设置、管理图层<br>能够正确设置文字样式和尺寸样式<br>能够正确绘制装配图<br>培养严谨认真、精益求精的职业素养 |
| 学习重点 | 利用 AutoCAD 软件绘制装配图<br>管理图层、文字样式、尺寸样式 |
| 学习难点 | 装配图的编辑修改<br>零部件序号的标注 |
| 参考标准 | GB/T 131—2006  产品几何技术规范(GPS)  技术产品文件中表面结构的表示法 |

## 四 任务实施

**第 1 步  调用样板文件，填写标题栏**

调用"A2 样板"文件，按照本次任务填写标题栏。

**第 2 步  绘制零件图**

按照装配图需求绘制所有零件视图。

**第 3 步  创建零件图块**

将绘制好的所有零件图关闭尺寸、表面结构、几何公差等图层，创建以零件名称命名的块。

**第 4 步  绘制装配图**

将零件创建成块。将所有装配图用零件图进行区域覆盖，并调整绘图次序，使零件图可见。按照装配关系移动零件图，随时调整绘图次序，即零件前置或者后置，使零件可见。完成装配图如图 6-4-2 所示。

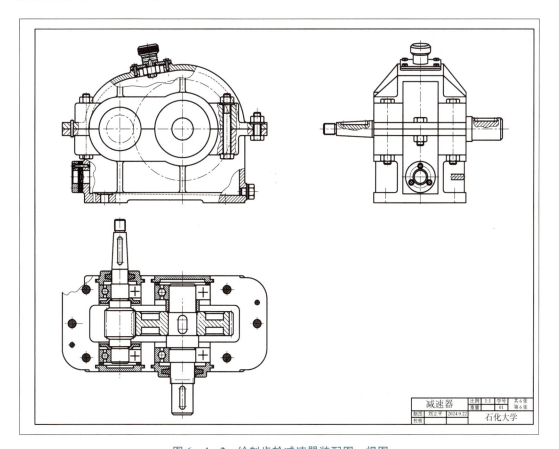

图 6-4-2  绘制齿轮减速器装配图—视图

## 第 5 步 标注尺寸

标注所有尺寸,如图 6-4-3 所示。

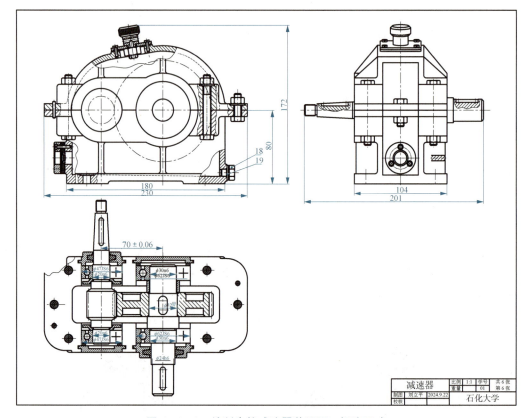

图 6-4-3 绘制齿轮减速器装配图—标注尺寸

## 第 6 步 标注零部件序号

用"创建引线和注释"命令标注零部件序号,如图 6-4-4 所示。

## 第 7 步 绘制明细栏,编写技术要求

绘制明细栏,编写技术要求,如图 6-4-5 所示。

## 第 8 步 检查、修改,保存文件

### 拓展训练

如图 6-4-6 所示,根据推杆阀的装配示意图和零件图,选择适当的图幅、比例,绘制其装配图。

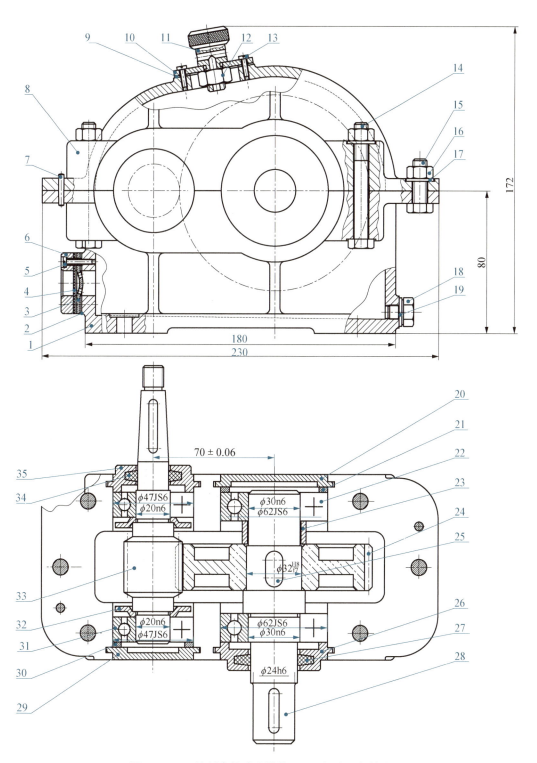

图 6-4-4　绘制齿轮减速器装配图—标注零部件序号

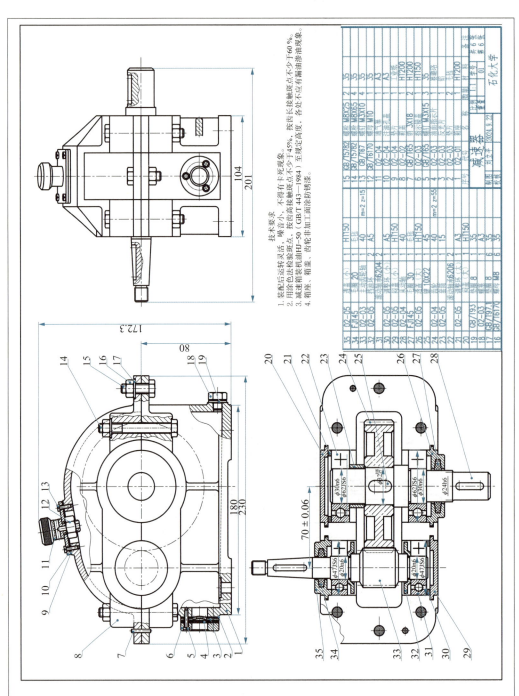

图 6-4-5 绘制齿轮减速器装配图—明细栏、技术要求

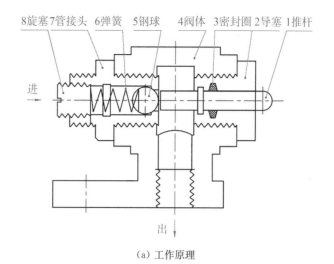

（a）工作原理

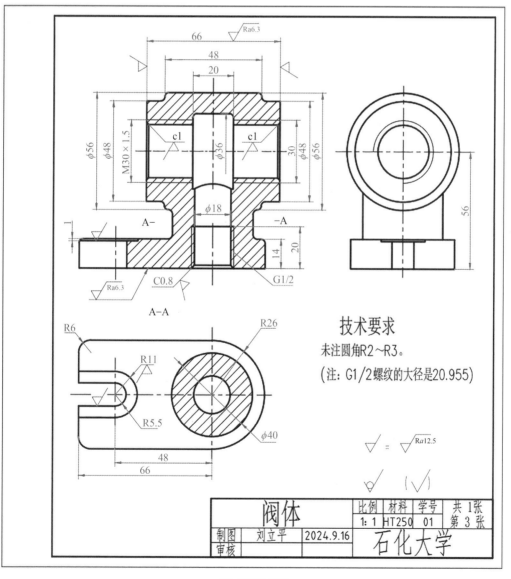

（b）装配示意图

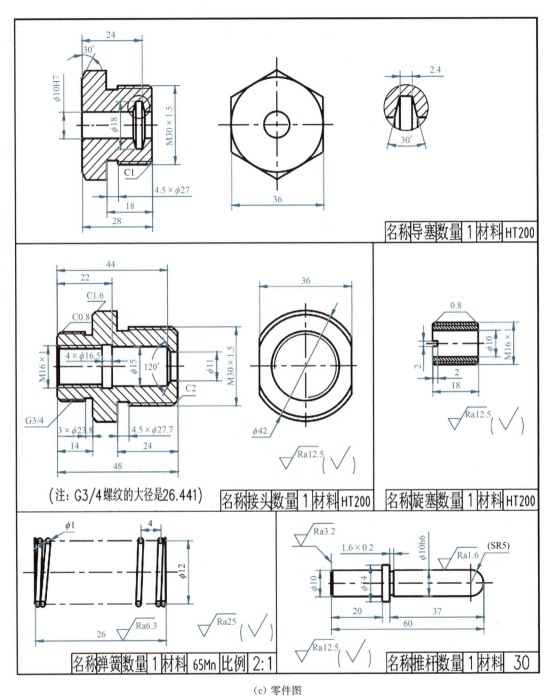

(c) 零件图

图 6-4-6 推杆阀零件图

推杆阀在管路系统中,用以控制管路的"通"与"不通"。推杆在外力的作用下,向左移动,推动钢球,钢球压缩弹簧,阀门被打开,管路畅通;去掉外力,钢球在弹簧的作用下,将阀门关闭,管路不通。

### 技能拔高

根据三元子泵的装配示意图和零件图,选择适当的图幅、比例,绘制其装配图。

三元子泵运动由转子轴传入,因为小轴与转子泵不同心,所以在转动过程中小滑块两侧之间的间隙及和大滑块之间的空隙均不断地由最小空隙(零)变到最大空隙(吸油过程),又由最大空隙变到最小空隙(压油过程)。

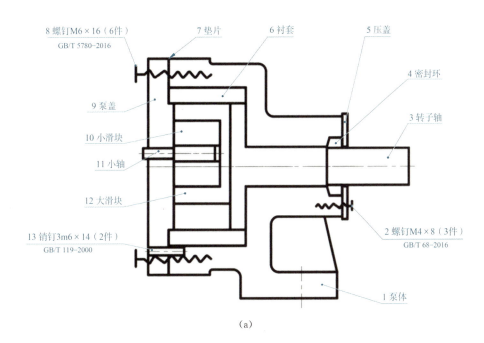

(a)

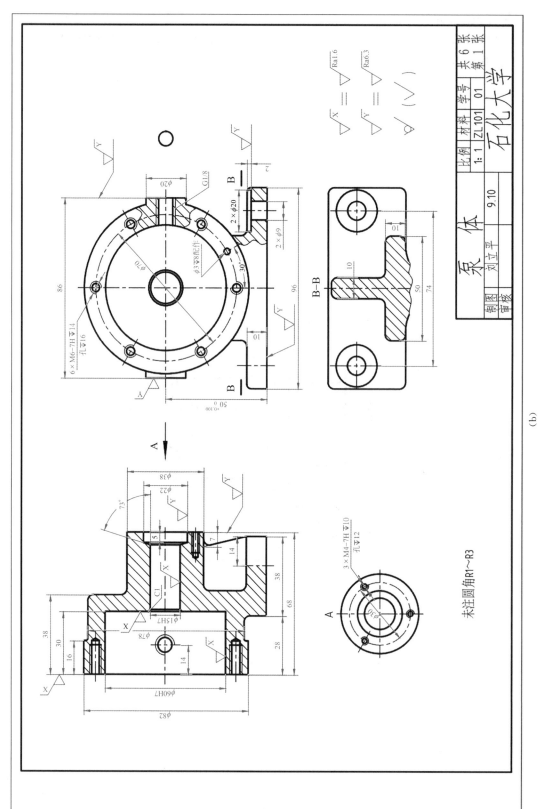

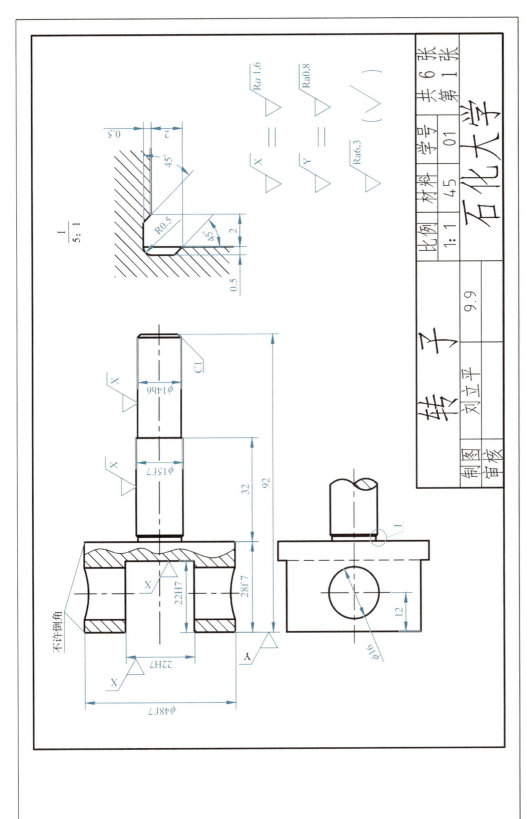

(d) 图 6-34

(e)

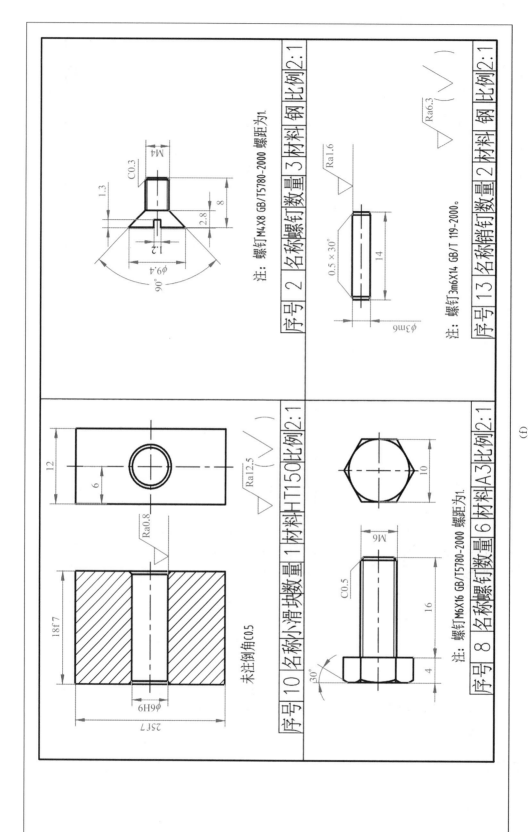

图 6-4-7 三元子泵装配示意图 (f)

## 项目小结

| 项目使用命令 | | | |
|---|---|---|---|
| 序号 | 命令名称 | 完整 | 快捷 |
| 1 | 直线 | Line | L |
| 2 | | | |
| 3 | | | |
| 4 | | | |
| 5 | | | |
| 6 | | | |
| 7 | | | |
| 8 | | | |
| 9 | | | |
| 10 | | | |
| 11 | | | |
| 12 | | | |
| … | | | |

## 考核评价

| 自我评价 | | | |
|---|---|---|---|
| 评价项目 | 评价等级(在合适的等级内打"√") | | |
| | 熟练掌握 | 基本掌握 | 未掌握 |
| 装配图视图的绘制 | | | |
| 装配图尺寸的标注 | | | |
| 零部件序号的标注 | | | |
| 明细栏的绘制与注写 | | | |
| 标题栏的绘制与注写 | | | |
| 技术要求的注写 | | | |
| 块操作 | | | |
| 区域覆盖 | | | |
| 绘图次序 | | | |
| 创建引线和注释 | | | |

续 表

| 综合评价 | A:100～90； B:89～80； C:79～70； D:69～60； E:59～0 |
| --- | --- |
| | □A □B □C □D □E |
| 未掌握原因及改进措施 | |

| 小组评价 | |
| --- | --- |
| 评价项目 | 评价等级（在合适的等级内打"√"） |
| | A:100～90； B:89～80； C:79～70； D:69～60； E:59～0 |
| 学习能力 | □A □B □C □D □E |
| 实践创新 | □A □B □C □D □E |
| 工程素养 | □A □B □C □D □E |
| 协作互助 | □A □B □C □D □E |
| 综合评价 | □A □B □C □D □E |

| 教师评价 | |
| --- | --- |
| 评价项目 | 评价等级（在合适的等级内打"√"） |
| | A:100～90； B:89～80； C:79～70； D:69～60； E:59～0 |
| 装配图视图的绘制 | □A □B □C □D □E |
| 装配图尺寸的标注 | □A □B □C □D □E |
| 零部件序号的标注 | □A □B □C □D □E |
| 明细栏的绘制与注写 | □A □B □C □D □E |
| 标题栏的绘制与注写 | □A □B □C □D □E |
| 技术要求的注写 | □A □B □C □D □E |
| 学习能力 | □A □B □C □D □E |
| 实践创新 | □A □B □C □D □E |
| 工程素养 | □A □B □C □D □E |
| 团队协作 | □A □B □C □D □E |
| 综合评价 | □A □B □C □D □E |

附录

# 参考文献

[1] 国家质量技术监督局. 中华人民共和国国家标准[S]. 北京:中国标准出版社,1996～2022.

[2] 刘炀. 现代机械工程图学 第2版[M]. 北京:机械工业出版社,2018.

[3] 赵国增,王姬. 机械制图及计算机绘图[M] 第2版. 北京:高等教育出版社,2020.

[4] 高红. 机械零部件测绘 第3版[M]. 北京:中国电力出版社,2017.

[5] 刘立平. 工程制图 第2版[M]. 北京:机械工业出版社,2024.

[6] 刘立平. 计算机绘图(AutoCAD2023)[M]. 北京:化学工业出版社,2024.

[7] 刘立平. 计算机绘图——AutoCAD上机指导 第2版[M]. 北京:化学工业出版社,2022.

[8] 陆敬严. 中国古代机械复原研究 第1版[M]. 上海:上海科学技术出版社,2019.

图书在版编目(CIP)数据

制图测绘与 CAD 实训/刘立平主编. -- 2 版.
上海:复旦大学出版社,2025.5. -- ISBN 978-7-309-17827-2
Ⅰ. TH126;TH13
中国国家版本馆 CIP 数据核字第 2025FR1328 号

制图测绘与 CAD 实训(第二版)
刘立平　主编
责任编辑/张志军

复旦大学出版社有限公司出版发行
上海市国权路 579 号　邮编:200433
网址:fupnet@fudanpress.com　http://www.fudanpress.com
门市零售:86-21-65102580　团体订购:86-21-65104505
出版部电话:86-21-65642845
上海四维数字图文有限公司

开本 787 毫米×1092 毫米　1/16　印张 17.75　字数 431 千字
2025 年 5 月第 2 版第 1 次印刷

ISBN 978-7-309-17827-2/T・775
定价:65.00 元

如有印装质量问题,请向复旦大学出版社有限公司出版部调换。
版权所有　　侵权必究